图解中学
虚数

平方为负的不可思议的数

〔日〕牛顿出版社　编
《科学世界》杂志社　译

科 学 出 版 社
北 京

图字号：01-2021-6736

内 容 简 介

法国数学家笛卡儿提出被称为现实中不存在的"想象中的数"。这就是高中数学中涉及的"虚数"概念。虚数有何奇妙之处呢？无论是正数还是负数，平方之后必然为正；而虚数则是"平方为负"，这样的数在哪里都找不到。

为什么要学习虚数呢？这是因为在数学中虚数发挥着极其重要的作用，如果没有虚数，那数字的世界就不完整了。而且即使是对于解析微观世界的量子力学而言，虚数也是不可或缺的存在。如果没有虚数，甚至连 1 个电子的运动都无法正确得知。

本书对人类研究虚数的历史、虚数的性质，以及虚数在数学和物理学中所发挥的作用，进行了详细介绍，让我们一起来享受不可思议的虚数世界吧！

NEWTON BESSATSU KYOSU GA YOKUWAKARU KAITEI DAI 2 HAN
©Newton Press 2020
Chinese translation rights in simplified characters arranged with Newton Press
Through Japan UNI Agency, Inc, Tokyo
www.newtonpress.co.jp

图书在版编目（CIP）数据

图解中学虚数 / 日本牛顿出版社编；《科学世界》杂志社译 . —北京：科学出版社，2023.4
ISBN 978-7-03-074771-6

Ⅰ.①图… Ⅱ.①日… ②科… Ⅲ.①数—青少年读物 Ⅳ.①O1-49

中国国家版本馆 CIP 数据核字（2023）第 020310 号

责任编辑：王亚萍 / 责任校对：刘　芳
责任印制：李　晴 / 封面设计：楠竹文化

科 学 出 版 社 出版
北京东黄城根北街 16 号
邮政编码：100717
http://www.sciencep.com

北京盛通印刷股份有限公司 印刷
科学出版社发行　各地新华书店经销
*
2023 年 4 月第 一 版　开本：889×1194 1/16
2024 年 5 月第三次印刷　印张：11
字数：280 000
定价：88.00 元
（如有印装质量问题，我社负责调换）

平方为负的不可思议的数

图解中学
虚数

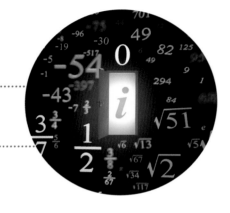

1 虚数的诞生之路

2 什么是虚数

3 虚数和复数

4 人类至宝 欧拉公式

5 虚数和物理学

每当遇到"没有答案的问题"，人们就会引入新的数

自古以来，每当人们遇到"没有答案的问题"，就会绞尽脑汁地想出新的数字概念。

在数字中，起源最古老的便是1、2、3…这样的"自然数"。自然数，如1个苹果、2头牛、3天等，是用于表示事物数量而诞生的。

在这之后，1和2之间、3和4之间等的数字也需要表示。例如，"2倍以后变成3的数"，也就是 $\frac{3}{2}$；"将1十等分的数"，也就是 $0.1 = \frac{1}{10}$，这样的数就诞生了。

可以用分数来表示的数；也就是"有理数"。使用有理数，不仅可以表示事物的个数，也可以表示长度、重量和体积等的"量"。

后来，人们又发现了无法用分数表示的数字（不是有理数的数

1. 数字（自然数）的出现

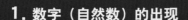

1　2　3　4

2.（正的）有理数的出现

有理数是由分母和分子组成的整数的分数所表示的数字

$\frac{1}{7}$　$\frac{1}{2}$　　　$\frac{14}{5}$　等

1　2　3　4

3.（正的）无理数的出现

在数字列表中，首次包含无理数。

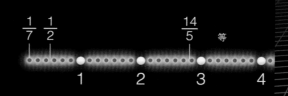

$\sqrt{2}$　$\frac{1+\sqrt{5}}{2}$　e π　等

1　2　3　4

4. 零和负数的出现

正数、零和负数所表示的数字是实数。

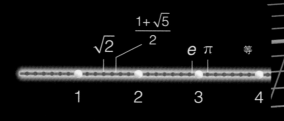

-4　-3　-2　-1　0　1　2　3　4

字），就像 2 的平方根（$\sqrt{2}$）和黄金比例（$\frac{1+\sqrt{5}}{2}\approx1.618$）等的"无理数"。如今的圆周率 π 和自然对数的底 e 等都是无理数。无理数如果用小数表示，小数点之后的数字是无限不循环的。

人类又进一步把"零"和"负数"包含进来。然后，把包含正负数和零在内的有理数和无理数合在一起的所有的数称为"实数"，以此可以填满表示数字的"实数直线"。

然而，人们又发现在实数直线范围外的数字，也就是本书的主题"虚数"。虚数是平方以后为负数的数字。这样违反常识的数字，扩展了包含实数直线的平面。用虚数加上实数来表示的数字被称为"复数"。

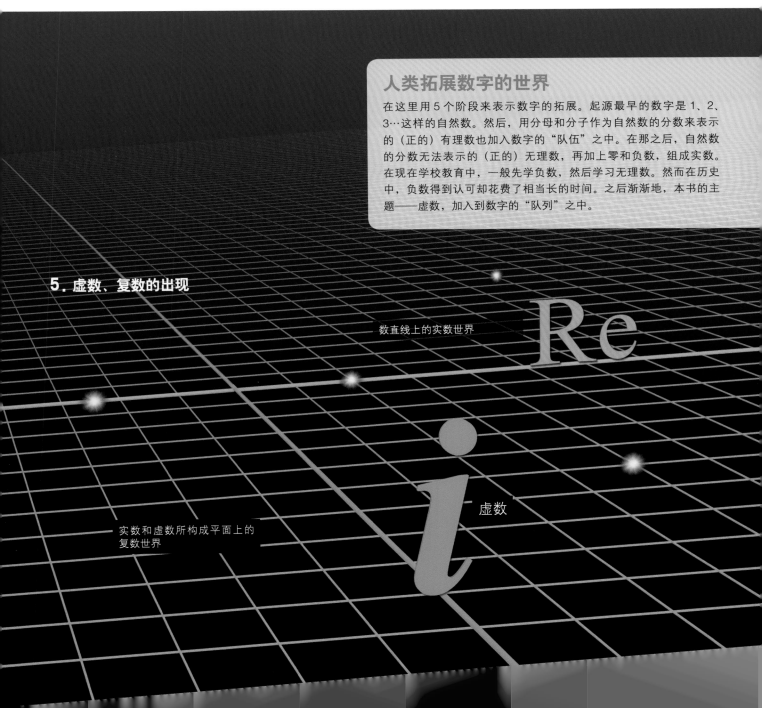

人类拓展数字的世界

在这里用 5 个阶段来表示数字的拓展。起源最早的数字是 1、2、3…这样的自然数。然后，用分母和分子作为自然数的分数来表示的（正的）有理数也加入数字的"队伍"之中。在那之后，自然数的分数无法表示的（正的）无理数，再加上零和负数，组成实数。在现在学校教育中，一般先学负数，然后学习无理数。然而在历史中，负数得到认可却花费了相当长的时间。之后渐渐地，本书的主题——虚数，加入到数字的"队列"之中。

5. 虚数、复数的出现

数直线上的实数世界

Re

i

虚数

实数和虚数所构成平面上的复数世界

围绕虚数研究的数学家、物理学家的历史年表

1500 年	1600 年	1700 年
公元前	16 世纪	17 世纪

无理数的出现

虚数的诞生

塔尔塔利亚
(1499~1557)

编写三次方程式的解法公式，创造出虚数诞生的契机。

笛卡儿
(1596~1650)

根据"负数的平方根"，带有否定的意味，而称之为"现象中的数（虚数）"。

毕达哥拉斯
（前 582～前 496）

公元前 6 世纪，毕达哥拉斯和弟子认为有理数就是全部的数字，然而却发现了 $\sqrt{2}$（无理数）。

卡尔达诺
(1501~1576)

如果使用虚数，就可以得到一直没有解的二次方程式的答案，这一观点最早是在其著作《大术》(Ars Magna) 中指出的。

邦贝利
(1526~1572)

指出了即使三次方程式之中的解是实数，在解法公式中使用虚数也可以得出答案。他首次尝试应用虚数。

1800 年	1900 年	2000 年
18 世纪	19 世纪	20 世纪

虚数单位 i 的诞生

复数的诞生

诞生使用虚数的物理学

欧拉
（1707～1783）

决定 $\sqrt{-1}$ 作为虚数单位，符号为 i。他推导出包含虚数、零、圆周率 π 和自然对数的底 e 的"欧拉恒等式"。

薛定谔
（1887～1961）

提出量子力学基础方程式——薛定谔方程，这个方程式中包含虚数。

韦塞尔，阿尔冈
（1745～1818）（1768～1822）

和高斯大约同时期独立推导出复平面的设想。

闵可夫斯基
（1864～1909）

在四维时空中，把时间差视为虚数距离的话，使勾股定理也成立，这样一来就可以解释狭义相对论。

高斯
（1777～1855）

阐明了复平面，成功将虚数可视化，在复平面上表示的数字被称为"复数"。他证明了如果有复数，所有方程都有解（代数学的基本定理）。

霍金
（1942～2018）

与哈特尔共同发表"无边界理论"（1983 年）。假定虚数时间就可以说明宇宙的起源了。

小林诚，益川敏英
（1944～）   （1940～）

1973 年发表"小林·益川理论"。如果夸克有 6 类的话，就会破坏 CP 对称性。这个理论式中包含复数。

1 虚数的诞生之路

我们身边充满了各种各样的"数"，商品的价格、时间、气温、距离和速度等，应该说，没有一天是不接触这些数的。数，又分为自然数、负数、分数、小数等很多种类。实际上，这些数都是人类在漫长岁月中创造出来的。要想了解虚数的诞生过程，让我们先来看看其他数的由来吧！

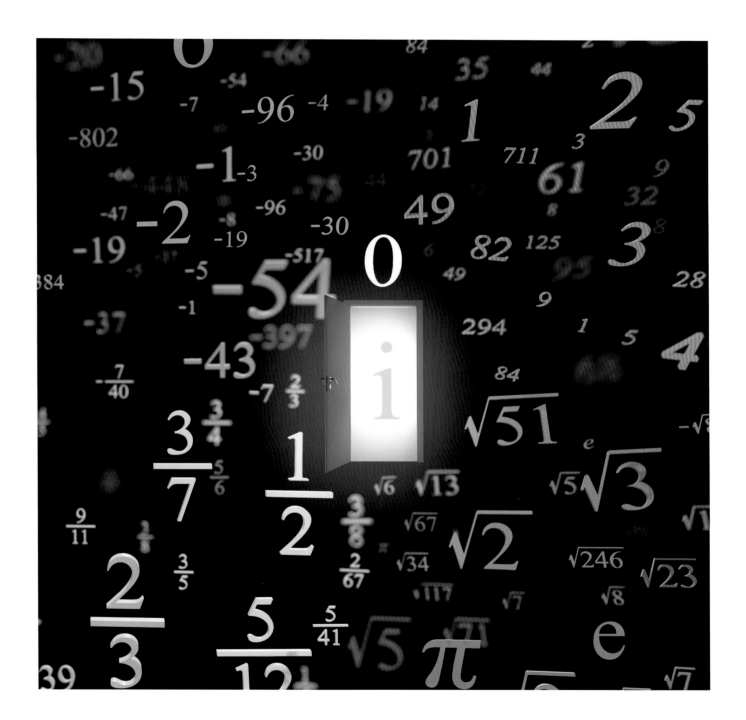

数是否真的"存在"?

虚数通常会被说成是"假想的数"或"不存在的数"。那么，我们熟悉的1、$\frac{1}{2}$、0.3…这些所谓的"普通的数"，真的可以说是"现实中的数"或"实际存在的数"吗？

数，其实只存在于人的脑海中

像1、2、3…这些既可以表示物体的个数，又可以表示顺序的数被称为"自然数"。比如，我们可以通过"5个苹果""3个柑橘"这样的方式用自然数来表示水果的个数。虽然这么多个的苹果和柑橘确实存在，但并不代表"5""3"这样的"自然数"本身也有实体存在。

这些自然数，只存在于人的脑海中。其实，每一个苹果或每一个柑橘，无论是形状还是大小，都会有些许差别。但当人们更关注数量时，就会无视它们之间的差别，而通过抽象化的方法用自然数"5"和"3"来计数。

另外，还可以通过"从左开始第5个苹果"这样的方式利用自然数去表示物体的顺序。但是，无论是表示个数还是顺序，像"5"这样的自然数只不过是存在于人脑中的一种抽象概念而已。

在第一部分中，之后介绍的除自然数之外的各种数也可以说是抽象的概念；在第二章里介绍的虚数也同样是一种抽象概念。

用"自然数"表示苹果、柑橘的个数

示意图里显示了表示苹果和柑橘个数的自然数。当我们在思考"5个苹果和3个柑橘的总数是几个"时，其实已经无视了苹果和柑橘的差别，把它们抽象化，从而计算得到8个（5+3=8）。

数的扩展

下图示意了自然数的排列。在第一章里会出现各种各样的"数"。在之后的内容里，我们都会在这样的示意图里加上那一页新出现的数。

自然数

| 1 | 2 | 3 | 4 | 5 |

5 个苹果

3 个柑橘

苹果和柑橘的
总数是 8 个

零

零，最初并不被认为是数

零，对于现在的我们来说是一个非常普通的数。但是，从零被发明出来一直到它被广泛认为是数，经历了很长的岁月。

零最初是作为占位符出现的，用来在如"10"的个位、"101"的十位上表示"什么数也没有"（空位）。引入 0 之后，就可以只用 1~9 及 0 这十个记号（数字）去表示任何数字了。

作为占位符的零，早在公元前 3 世纪左右的两河流域文明及公元前 1 世纪左右的玛雅文明等时代就已经被使用过了。

零终于在 6 ～ 7 世纪的印度被当成"数"

在很早之前，零就被当成表

阿拉伯数字中的零

在古代各地发现的零
图上显示了世界不同地区最初使用零的标记法。

玛雅文明

0

0

在玛雅文明中，曾使用贝壳的记号来表示零（左）。另外，也用过用手托着侧脸的象形文字表示零（右）。

零

0   1   2   3   4   5

示空位的记号使用。但当时，零并没有像1、2、3…一样被认为是"数"。

直到6～7世纪的印度，零才开始被看成是一个数。这是因为，零本身也被允许作为计算对象使用。也就是说，"0+4=4""10×0=0"这样的计算都变成可能。

零作为数在印度诞生之后，其标记法（表示方法）经由阿拉伯传播到欧洲。如今，我们在日常生活中使用零时，已不会觉得有任何奇怪之处了。

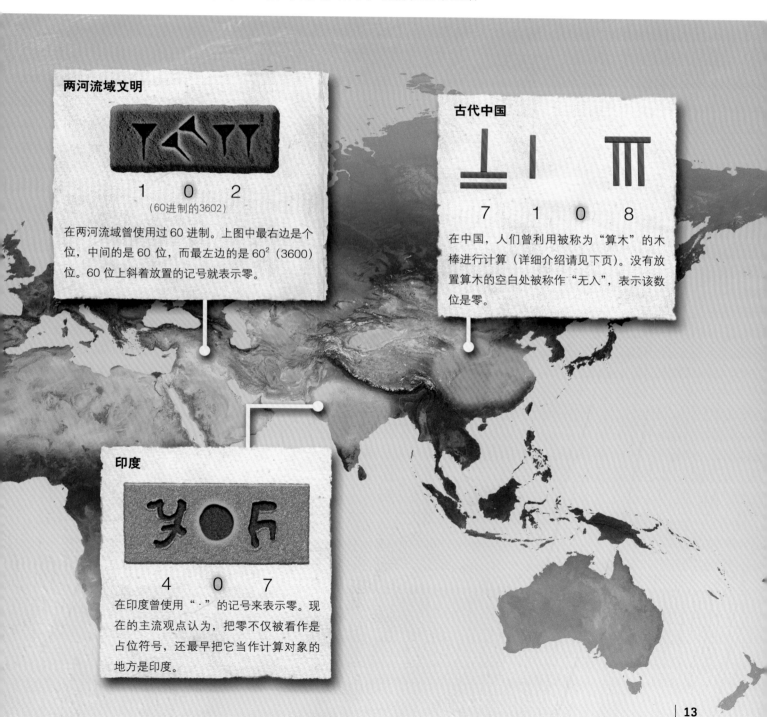

两河流域文明

1　0　2

（60进制的3602）

在两河流域曾使用过60进制。上图中最右边是个位，中间的是60位，而最左边的是60²（3600）位。60位上斜着放置的记号就表示零。

古代中国

7　1　0　8

在中国，人们曾利用被称为"算木"的木棒进行计算（详细介绍见下页）。没有放置算木的空白处被称作"无入"，表示该数位是零。

印度

4　0　7

在印度曾使用"·"的记号来表示零。现在的主流观点认为，把零不仅被看作是占位符号，还最早把它当作计算对象的地方是印度。

古代中国和印度出现的"负数"，其实是人类曾经很难想象的数

我们经常会说"冷冻库的温度是 –18℃""今年利润与上年相比是 –10%"这样的话。看上去，大家都已经很习惯使用负数（小于零的数）了。但实际上，负数的概念也是经历了很长时间才被大众接受的。

负数最早出现在公元 1 世纪前后的中国数学书籍《九章算术》里。当时，中国曾使用在画有格子的方布上放置被称作"算木"的木棍的方法来进行计算（见示意图）。

计算时，红色的算木用来表示正数（大于零的数），黑色的算木表示负数（小于零的数）。另外，数学家刘徽在公元 3 世纪左右所著的《九章术注》里还注释到，如果不是用放置木棍的方法，而是在纸上直接画线代替木棍来表示负数时（此时无法通过木棍的颜色区分正负），需要在最低数位的数字（线条）上加画斜线来区分负数。

在 6~7 世纪的印度，会计已经开始在计算时使用正数来表示"财产"，负数来表示"欠款"了。

古代中国用黑色的算木表示负数

右图是用算木进行计算的示意图。红的木棍表示正数，黑的木棍表示负数。

通过移动黑色算木进行减法计算

右图表现了如何通过算木来进行"63702-6451"的计算。在第一行（"商"所在的行）表示数位的各个格子里，分别放着对应 6、3、7、0、2 的红色算木（正数）。没有放算木的空白格子表示此位是 0。第二行（"实"所在的行）里放着对应了 –6、–4、–5、–1 的黑色算木（负数）。通过移动这些算木就可以进行减法计算。例如，我们先来看看个位。往放有两根红色算木的格子里移入它下面的一根黑色算木，然后各用一根红色和黑色算木进行"相杀"（取走），这样就只剩下一根红色算木（2-1=1）。再如，在这个例子的十位上，出现了红色算木不够的情况，就需要从上一位（百位）借一根算木下来，换算成十位上的 10 根算木，与下方的 5 根黑色算木进行"相杀"。在对所有位都进行这样的操作后，第一行剩下的算木所表示的数字就是减法的答案了。

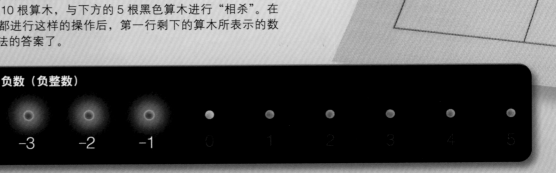

负数（负整数）

| –5 | –4 | –3 | –2 | –1 | 0 | 1 | 2 | 3 | 4 | 5 |

印度的数学家婆罗摩笈多（约598~660）在公元628年所著的《婆罗摩历算书》中记载了使用负数的计算法则。

负数出现后仍然长时间无法被接受

在印度确立了地位的负数，同"零"一样经由阿拉伯地区传入欧洲，却很长时间无法被广泛接受。

到了16世纪，负数虽然会作为方程式的解偶尔出现，但人们并不承认负数是数字，并把负数称为"不合理的数"。甚至到了17世纪，法国著名的数学家勒内·笛卡儿（1596 ~ 1650）也仍然把负数称作"伪解"，即便认识到负数的存在，也还是不能接受。

实际上，虚数也是在笛卡儿时代诞生的，当时负数和虚数的情况相似，都不被大众所接受。相关的细节会在第二章里介绍。

注：在古代中国，曾用"億"来表示10万。

如果使用矢量就能让负数更易于理解

法国的数学家阿尔伯特·吉拉德（1595~1632）是最早把负数当作方程式合理解的人之一。吉拉德想出了用"正数表示前进，负数表示后退"的方法将负数可视化。

我们把零作为原点，用方向向右、长度为1的矢量来表示+1。这样的话，−1就可以用与+1相反的方向向左、长度为1的矢量来表示。在用这种可视化的方法来表示负数后，大众就很容易地接受负数的概念。

负数的乘法能够让矢量的箭头反转

如果使用之前介绍的矢量来思考，负数的乘法就变得非常容易理解了。例如，我们来看看+1×（−1）=（−1），这就可以看成把本来向右的箭头方向翻转180°变成向左的箭头。

再来看看（−1）×（−1）=1，这就可以看成把本来向左的箭头方向翻转180°变成向右的箭头。从这些例子可以看出，"乘以−1的计算"就相当于把表示被乘数的矢量方向翻转180°。

实际上，这种思考方法对于"平方后的结果是负数"的虚数的理解也起到了很大作用。我们将会在第三章详细介绍。

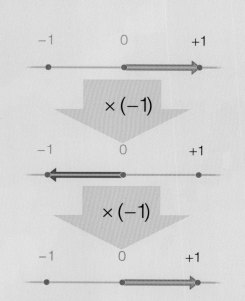

−1

用矢量的箭头来理解负数
不仅能用箭头的方向来表示正数和负数，还能更加直观地理解负数的乘法计算。乘以−1的计算就相当于把箭头方向翻转180°，参见右边示意图。

−1　　0　　+1

× (−1)

−1　　0　　+1

× (−1)

−1　　0　　+1

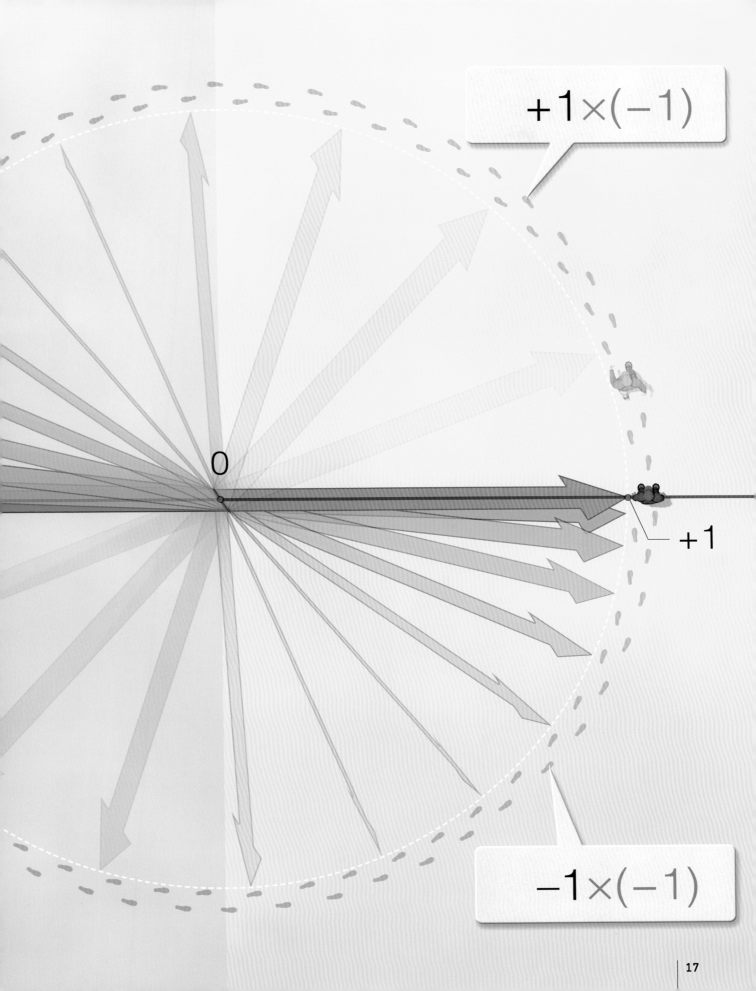

用分数来表示整数和整数之间的数

自然数和零，以及在自然数前加上负号的数（负数），被称为"整数"。整数之间的加减，得到的答案一定是整数。

然而整数之间相除的话，可能无法在整数之中找到答案。比如，1÷3 的答案便不是整数。在这里，就得到了 $\frac{1}{3}$ 这样新的数，也就是"分数"。

可以用分数表示的数称为"有理数"。更精确地说，可以用"分母和分子为整数的分数"※表示的数为有理数。整数，因为可以用分母为 1 的分数来表示，所以是有理数。

※：分母不能为 0。

分数和小数之间不可思议的关系

本页是分数的示意图。右页是古埃及用来表示分数的象形文字的图例。

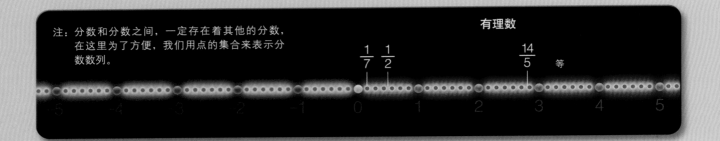

注：分数和分数之间，一定存在着其他的分数，在这里为了方便，我们用点的集合来表示分数数列。

有理数

$\frac{1}{7}$ $\frac{1}{2}$ $\frac{14}{5}$ 等

-5   -4   -3   -2   -1   0   1   2   3   4   5

古埃及的分数

在古代埃及，有象形文字来表示二分之一、三分之一等分子为 1 的分数（单位分数）。右侧就是例子。分子不为 1 的分数（如四分之三），写作单位分数的和（二分之一 + 四分之一）。此外，在这些象形字之外，似乎也有其他象形文字来表示分数（如"荷鲁斯之眼"）。

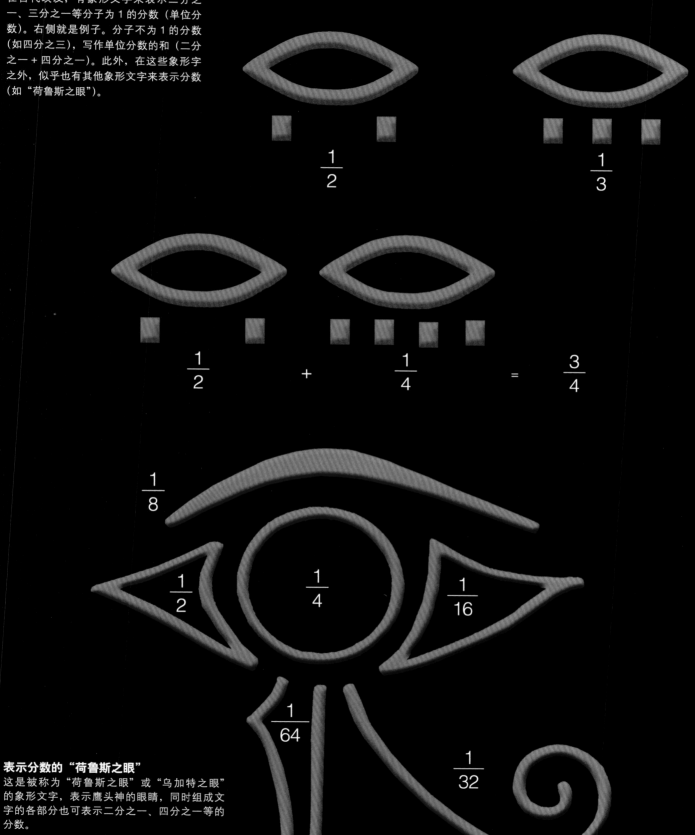

$$\frac{1}{2}$$

$$\frac{1}{3}$$

$$\frac{1}{2} \quad + \quad \frac{1}{4} \quad = \quad \frac{3}{4}$$

$$\frac{1}{8}$$

$$\frac{1}{2}$$

$$\frac{1}{4}$$

$$\frac{1}{16}$$

$$\frac{1}{64}$$

$$\frac{1}{32}$$

表示分数的"荷鲁斯之眼"

这是被称为"荷鲁斯之眼"或"乌加特之眼"的象形文字，表示鹰头神的眼睛，同时组成文字的各部分也可表示二分之一、四分之一等的分数。

19

分数可以用循环小数来表示

分数也可以用"小数"来表示。比如，$\frac{1}{2}$ 可以用 0.5 来表示。而如果用小数来表示 $\frac{1}{7}$，则会发生不可思议的情况。试着进行 $\frac{1}{7}=1\div 7$ 的计算，可以得到 0.142857142857142857… 这样小数点后"142857"部分无限循环的小数（如右页的计算）。

其实所有的分数（分母和分子都为整数）都是"小数点以后是有限的小数"或"小数点之后从某一位开始无限循环的小数"。

分数和小数都可以用来表示整数和整数之间的数，这一点非常相似，但它们的历史大为不同。分数是出现在《林德数学手卷》这一公元前 17 世纪的数学书中的古老的数字。

小数的历史却意外地短，在欧洲最初倡导小数的是 16 世纪比利时的数学家西蒙·斯蒂文（1548～1620）。而现在这样用"小数点"的标记方法则诞生于苏格兰的数学家约翰·纳皮尔（1550～1617）手上。

分数和小数之间不可思议的关系

右页是对 $\frac{1}{7}$ 进行计算，用小数来表示。可以发现小数点后反复出现相同的数字序列。左页则介绍了像 $\frac{1}{7}$ 这样的循环小数的有趣性质。

🍎 循环小数的轮盘

右侧将 $\frac{1}{7}$ 转化为小数，将其循环小数的循环节（黄色数字序列）以顺时针方向排列。相对的两个数字相加一定为 9。$\frac{1}{17}$ 和 $\frac{1}{61}$ 也是拥有相同性质的数字（并不是所有的循环小数都拥有这样的性质）。

$$\frac{1}{7}=0.142857142857\cdots$$

$$\frac{1}{17}=0.0588235294\\117647058823\\5294117647\cdots$$

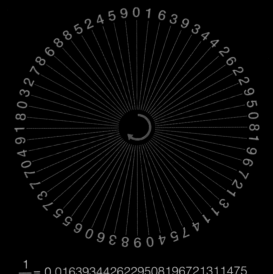

$$\frac{1}{61}=0.016393442295081967213114754098360655737704918032786885245901639344226229508196721311475409836065573770491803278688852459\cdots$$

$$\frac{1}{7}=0.142857142857142857142857\cdots$$

$$0.142857142857142857\cdots$$

$$7\overline{)1.0}$$

```
         0.142857142857142857…
      ————————————————————————
7 /  1.0
     7
    ——
    30
    28
    ——
     20
     14
    ——
      60
      56
     ——
      40
      35
     ——
       50
       49
      ——
       10
        7
       ——
       30
       28
       ——
        20
        14
       ——
        60
        56
       ——
         40
         35
        ——
         50
         49
        ——
         10
          ⋮
```

用小数来表示 $\frac{1}{7}$，相同的数字序列无

限循环

为了用小数来表示 $\frac{1}{7}$，我们尝试进行 $1\div7$ 的计算。

如右边所示，粉色和紫色所框住的部分进行了相同的计算。因此，小数点后将会出现"142857"这样的无限循环序列。

这样的小数在循环的第一位和最后一位数字上加上·，写作 $0.\overset{\cdot}{1}4285\overset{\cdot}{7}$ 这样的形式。

"平方后是 2 的数" 不能用分数来表示

分 数和分数（有理数和有理数）之间，一定会存在其他的分数。如 $\frac{1}{2}$ 和 $\frac{1}{3}$ 之间，存在着 $(\frac{1}{2}+\frac{1}{3})\div2=\frac{5}{12}$，而在 $\frac{5}{12}$ 和 $\frac{1}{2}$ 之间又存在着 $(\frac{5}{12}+\frac{1}{2})\div2=\frac{11}{24}$。因为整数也可以用分数来表示，可能有些人会觉得所有的数都能用分数来表示（都是有理数）。

实际上，历史上也曾有不少著名的学者这样认为。因勾股定理（毕达哥拉斯定理）※ 而闻名的古希腊数学家毕达哥拉斯（前 582 年～前 496 年）就是其中之一。毕达哥拉斯非常崇拜自然数，想当然地认为所有的数都能用自然数的比来表示（都能用分数来表示）。

▎发现了不是有理数的数

但当时出现了不能用分数来表示的数。比如，边长为 1 的正方形的对角线长度，根据勾股定理计算得到的是"平方之后为 2 的数"（即 $\sqrt{2}$）。对于这个 $\sqrt{2}$，人们发现不管怎么努力，都不能把它用分数表示出来。

如果用小数来表示 $\sqrt{2}$，会得到 1.41421356…这样小数点后有无限位的数。并且，小数点后也没有出现循环的部分。这就意味着不能用"分母和分子都是整数的分数"去表示 $\sqrt{2}$。也就是说，$\sqrt{2}$ 不是有理数。于是，这样的数被称为"无理数"。圆周率 π 也是同样，3.14159265…，小数点后虽然有无限位但没有循环，也是一个无理数。

在数的世界里，包含了无数个无理数。现在已知，如果去比较有理数和无理数的"个数"，无理数是远远多于有理数的。

※：勾股定理是指直角三角形的斜边长的平方等于底边长的平方加上高度的平方。

毕达哥拉斯

（前 582～前 496）

古希腊的数学家、哲学家

$$\sqrt{2}=1.41421\ 35623\ 73095\ 04880$$
$$16887\ 24209\ 69807\ 85696$$
$$71875\ 37694\ 80731\ 76679$$
$$73799\ 07324\ 78462\ 10703$$
$$88503\ 87534\ 32764\ 15727$$
$$35013\ 84623\ 09122\ 97024$$
$$92483\ 60558\ 50737\ 21264\cdots$$

通过引入无理数，终于把数完全排列起来。

无理数　$\sqrt{2}$　$\sqrt{5}$　**π**　等

-5　-4　-3　-2　-1　0　1　2　3　4　5

砖块

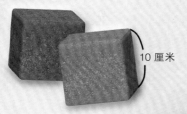

10 厘米

把砖块排列起来可以形成等腰直角三角形么?
如果用小数去表示√2这样的无理数，小数点后会出现无限不循环的数位（左页）。在本页，我们验证了如果用同样大小的立方体去排列等腰直角三角形的三条边，并不能完整地收拢。

会出现大约 1.42 厘米的缝隙!

用边长为 10 厘米的立方体砖块，横着排列 10 块，再纵着（垂直）排列 10 块，如果用同样大小的砖块排列斜边则不能完整地收拢。

14 块

可以排列 14 块砖块

排列10块砖块

10 块

排列 10 块砖块

10 块

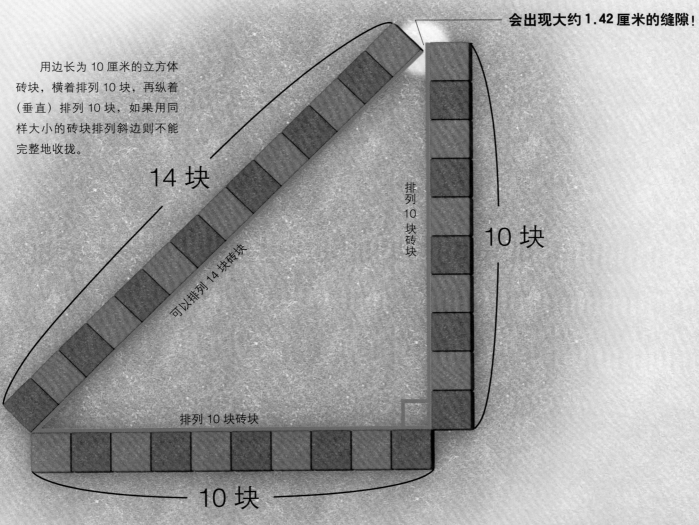

会出现大约 1.35 厘米的缝隙!

从左下角开始数的第 14142 块砖块

如果把等腰直角三角形变得更大，用与上面同样大小的砖块横着和纵着各排列摆放 1 万块的话会怎样呢？即便如此，斜边还是不能用同样的砖块完整地收拢。实际上，无论把等腰直角三角形变得多大，用与上面同样大小的砖块都不能把三边恰好完整地收拢。这与√2不能用分数来表示是一样的道理。

? 块

10000 块

10000 块

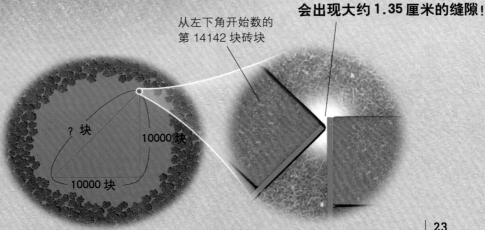

涵盖了所有"普通的数"还没出现的新的数就是"虚数"

我们已经把不同的数及它们的性质和被发现的历史梳理了一遍。

自然数、零，以及在自然数前面添加负号形成的负数，合起来统称为"整数"。整数和分数合起来称为"有理数"（也包含负的分数）。另外，那些不能用分数来表示的数称为"无理数"。

而"有理数"和"无理数"合起来统称为"实数"。实数就已经涵盖了我们在日常生活中常用到的所有"普通的数"。

实数存在于数的直线上。但是…

真的已经涵盖所有的数了吗？

让我们来看看在第 22 页下方画的数的直线。实数会在数的直线上不留缝隙地排列，填满整条直线。也就是说，无论是什么实数，肯定存在于这条直线的某个位置。例如，$\frac{1}{2}$ 就可以用 0 和 1 之间的中点来表示。

但是，人类又继续探索出在这条数的直线之外的数。这就是所谓的"虚数"。在之后的第二章里，我们会详细地去看看虚数到底是什么。

还存在着与实数完全不同的数？

下图示意了实数的分类。右边则示意了聚集了实数的世界和存在于这个世界之外的虚数。

实数的分类

实数		
有理数		**无理数**
整数 **自然数** 1, 2, 3, … 0, -1, -2, -3, …	$\frac{1}{2}$, $\frac{1}{7}$, $-\frac{2}{3}$, … 0.35, 1.8352	$\sqrt{2}$, $-\sqrt{7}$, $\sqrt{10}$, $\pi=3.1415926\cdots$ $e=2.7182818\cdots$

-9

-517

-6

-81

-256

$\frac{1}{33}$

$\frac{1}{9}$

$\frac{1}{8}$

小数标记法
诞生于 16 世纪

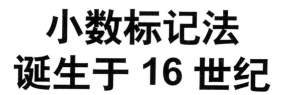

$\dfrac{1}{2}$ 是 0.5，$\dfrac{1}{3}$ 是 0.333…在日常生活中，我们可以非常自然地把分数转换成小数。因此，很容易想到分数和小数是不是同时诞生的。

但其实现在的小数标记方法比分数的历史要短得多，在 16 世纪诞生于欧洲。原本在那个时候，阿拉伯和中国已经使用类似小数一样的标记方法，即使还尚未出现现代这样的小数标记，但不是没有小数这样的数字概念。

在欧洲，法国数学家弗朗索瓦·韦达（1540～1603）在 1579 年出版的《经典数学》（*Canon mathématique*）中最早使用小数，但与现在使用的小数标记有些许差别。韦达把 0.5 记为 0 | 5 等。

荷兰数学家、工程师西蒙·斯蒂文（1548～1620）在 1585 年发表《小数论》一书中也介绍了小数。斯蒂文的小数标记方法与现在的有着极大差异，并没有很好用。

在那之后，苏格兰的约翰·纳皮尔（1550～1617）在 1614 年发表对数表时，最早使用了像现在的 0.5 和 1.234 这样的小数点的标记方法。这个由纳皮尔发明的便利的方法随后传至世界各地。

欧洲在这个时期发明了小数的标记法，或许与科学革命前夜的时代背景有关。在实际测量物体的长度和距离等情况时，小数变得必要起来。纳皮尔的对数表也是航海时必要的工具书。

顺便提一句，即使到现在，小数的标记方法也尚未统一。在欧洲大陆地区，小数点是"，（逗号）"；而在英国、美国、中国、日本等则使用"．(句点)"。

约翰·纳皮尔（1550～1617）

▷ 转化成小数后表现出不可思议特征的分数

● 将 $\frac{1}{9^2}$ ($=\frac{1}{81}$) 转化为小数的话，

$$0.012345679012345679\cdots$$

循环往复，01234567 都是按照顺序排布，掠过 8 直接到 9，然后再变为 0。

● 将 $\frac{1}{99^2}$ ($=\frac{1}{9801}$) 转化为小数的话，

$$0.000102030405060708091011121314151617 18$$
$$\cdots 969799000102030405\cdots$$

97 之后掠过 98 直接为 99，又变回 00 循环往复。

● 将 $\frac{101}{99^3}$ ($=\frac{101}{970299}$) 转化为小数的话，

$$0.0001040916253649\cdots$$

一直持续，小数点后是什么数呢？这是平方数 1，2^2=4，3^2=9，4^2=16…排列起来。

● 将 $\frac{1001}{999^3}$ ($=\frac{1001}{997002999}$) 转化为小数的话，则变为

$$0.000001004009016025036049064081100121144169\cdots$$

一直持续。

● 将 $\frac{1}{9899}$ 转化为小数的话，

$$0.0001010203050813213455\cdots$$

这又是什么数呢？这是被称为"斐波那契数列"的 1，1，2，3，5，8，13，21，34…的排列。

● 将 $\frac{1}{998999}$ 转化为小数的话，则变为

$$0.000001001002003005008013021034055089144233377\cdots$$

毕达哥拉斯相信
有理数是所有的数

古希腊的毕达哥拉斯（前582~前496）开创了"毕达哥拉斯教派"或叫作"毕达哥拉斯学派"的宗教集团。彼时，他与几百名弟子一同度过了研究宗教、哲学、政治的生活。

毕达哥拉斯学派认为"万物的根源是数学"。比如，1表示"理性"，2表示"女性"，3表示"男性"，4表示"正义"，2加上3等于5表示"结婚"，7表示"幸运"，数字都拥有意义。他认

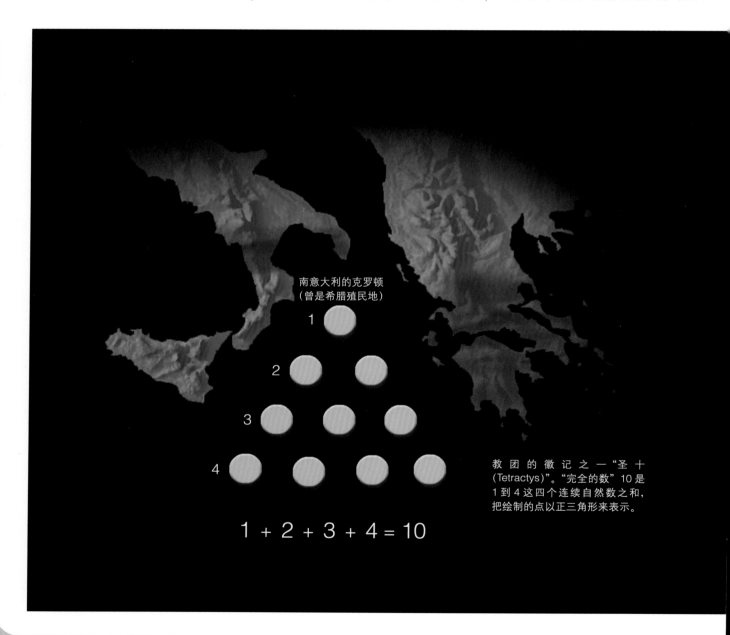

南意大利的克罗顿
（曾是希腊殖民地）

1 + 2 + 3 + 4 = 10

教团的徽记之一"圣十（Tetractys）"。"完全的数"10是1到4这四个连续自然数之和，把绘制的点以正三角形来表示。

，10 是"完全的数"，因为拥10 个天体。当时，人们认为水、金星、火星、木星、土星是颗恒星，加上地球、太阳、月，以及承载除此之外所有恒星"恒星天"，以及在地球上无法到的"对地星"，总共存在 10 天体，这些天体都是围绕位于宙中心的"中心火"旋转的。

毕达哥拉斯学派在万物的根源（数学）之中，发现了不同定理，"毕达哥拉斯定理"便是其一。

从毕达哥拉斯定理中推导出的像 $\sqrt{2}$ 这样的无理数，称为"阿洛贡（Alogon，不可说之意）"，被作为秘密隐藏起来。因为毕达哥拉斯学派认为 1，2，3…这样的自然数之比所表示的

数（有理数）是数的全部（所有的数）。

毕达哥拉斯学派还发现了自然数与声音的和声之间存在关系。弦乐器的弦长比例为 1：2、2：3、3：4 这样简单的自然数之比时，弦演奏出来的声音是和音（毕达哥拉斯音律）。🍎

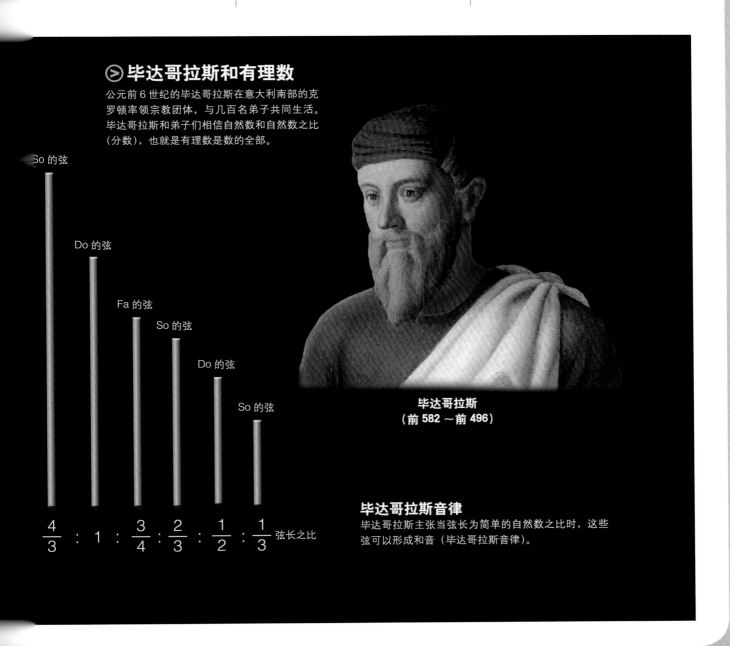

⊙ 毕达哥拉斯和有理数

公元前 6 世纪的毕达哥拉斯在意大利南部的克罗顿率领宗教团体，与几百名弟子共同生活。毕达哥拉斯和弟子们相信自然数和自然数之比（分数），也就是有理数是数的全部。

So 的弦

Do 的弦

Fa 的弦

So 的弦

Do 的弦

So 的弦

$\dfrac{4}{3}$ ： 1 ： $\dfrac{3}{4}$ ： $\dfrac{2}{3}$ ： $\dfrac{1}{2}$ ： $\dfrac{1}{3}$ 弦长之比

毕达哥拉斯
（前 582 ~ 前 496）

毕达哥拉斯音律
毕达哥拉斯主张当弦长为简单的自然数之比时，这些弦可以形成和音（毕达哥拉斯音律）。

刻在古代美索不达米亚泥板书上的 $\sqrt{2}$

右 图为 4000 年前古美索不达米亚文明的一块泥板 "YBC7289" 的复原图。泥板上绘有一个正方形及其对角线。对角线上戳刻有用楔形文字代表的一个数 "1·24·51·10"。

这是一个用六十进位法表示的数，改写为十进制数就是 "1.41421296296…"（计算方法见图下计算式）。这是 $\sqrt{2}$ 的非常精确的近似值（近似到小数点以后 5 位）。

泥板上同时还刻有当正方形边长为 30 时的对角线的长度值，即用六十进制表示的数 "42·25·35"，改写为十进制数为 "42.4263888…"。

美索不达米亚人如何求得 $\sqrt{2}$?

2 应该大于 "1 的平方 (=1)"，而小于 "2 的平方 (=4)"。因此，$\sqrt{2}$ 必定是在 "1 和 2 之间"。假定 $\sqrt{2}$ 等于 1 和 2 的中间值 $\frac{3}{2}$ = 1.5 的话，因为 $\sqrt{2} \times$

$\sqrt{2}$ =2 那么，$(2 \div \frac{3}{2})$ 的计算结果也应该是 $\frac{3}{2}$。但是，实际结果是 $2 \div \frac{3}{2} = \frac{4}{3}$ =1.3333，小于 $\frac{3}{2}$，也必然小于 $\sqrt{2}$。因此，可以判断 $\sqrt{2}$ 应该是在 "$\frac{4}{3}$ 和 $\frac{3}{2}$ 之间"。

现在再假定 $\sqrt{2}$ 等于 $\frac{4}{3}$ 和 $\frac{3}{2}$ 的中间值 $\frac{17}{12}$ =1.41666，用 $\sqrt{2}$ 的这个新的可能值除 2，得到 $2 \div \frac{17}{12} = \frac{24}{17}$ =1.41176。这样，又可以判断 $\sqrt{2}$ 应该是在 "$\frac{24}{17}$ 和 $\frac{17}{12}$ 之间"。估计美索不达米亚人就是用这种方法重复计算得到了 $\sqrt{2}$ 的非常接近于正确值的近似值。🍎

⊙ 镌刻在泥板上的 $\sqrt{2}$

美国耶鲁大学所藏编号为 YBC7289 的泥板，其上绘制正方形的边长为 7~8 厘米，考证为 4000 年前古美索不达米亚文明的一块泥板。

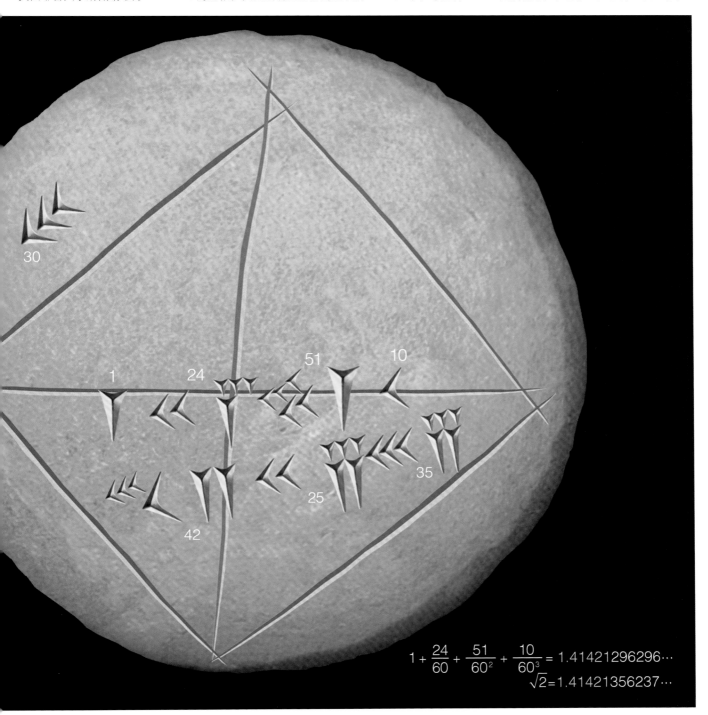

$$1 + \frac{24}{60} + \frac{51}{60^2} + \frac{10}{60^3} = 1.41421296296\cdots$$

$$\sqrt{2} = 1.41421356237\cdots$$

古人这样对
平方根作图

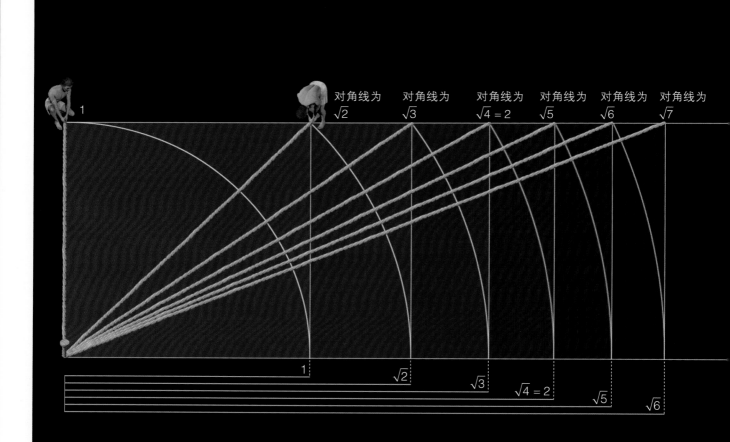

对角线为
$\sqrt{2}$　对角线为
$\sqrt{3}$　对角线为
$\sqrt{4}=2$　对角线为
$\sqrt{5}$　对角线为
$\sqrt{6}$　对角线为
$\sqrt{7}$

1

1　$\sqrt{2}$　$\sqrt{3}$　$\sqrt{4}=2$　$\sqrt{5}$　$\sqrt{6}$

1. 古代人这样对平方根作图

画边长为 1 的正方形，其对角线长为 $\sqrt{2}$。以这个 $\sqrt{2}$ 作为底边，作高度为 1 的长方形，则对角线为 $\sqrt{3}$。反复这个做法的话，就可以依次作图表示自然数的平方根（1，$\sqrt{2}$，$\sqrt{3}$，$\sqrt{4}=2$，$\sqrt{5}$…）。

古人对于自然数的平方根是如何作图的呢？首先，$\sqrt{2}$ 比较简单。画边长为 1 的正方形。根据毕达哥拉斯定理，对角线长为 $\sqrt{2}$。

然后来看 $\sqrt{3}$，利用圆规的窍门使用绳索等将对角线 $\sqrt{2}$ 变成底边，以此为底边，做高为 1 的长方形。再根据毕达哥拉斯定理，长方形的对角线为 $\sqrt{3}$。

反复这个方法，就可以依次对自然数的平方根（1，$\sqrt{2}$，$\sqrt{3}$，$\sqrt{4}=2$，$\sqrt{5}$…）作图（左页的图 1）。

然后如本页下方的图 2 所示，将求得的对角线作为底边，依次做高为 1 的直角三角形，可以变成如同鹦鹉螺一般美丽的形状。🍎

2. 平方根的鹦鹉螺

将 $\sqrt{2}$、$\sqrt{3}$、$\sqrt{4}$…作为斜边的直角三角形依次排列，就变成了如鹦鹉螺一般的形状。

证明 $\sqrt{2}$ 是无理数

$\sqrt{2}$ 是具有代表性的无法用"分子和分母为整数的分数"表示的无理数。我们来介绍一种证明 $\sqrt{2}$ 是无理数的方法。

首先假定 $\sqrt{2}$ 是有理数，那 $\sqrt{2}$ 应该可以标记为被无法再约分的一个分数。也就是，如果使用最大公约数为 1 的自然数 m，n，则标记为 $\sqrt{2}=\dfrac{m}{n}$。把式子两边都乘以 n 后，再平方的话，则变成了 $2n^2=m^2\cdots$ ①

在这个式子中，因为 $2n^2$ 必然是偶数，这就意味着 m^2 也必定是偶数。而奇数的平方是奇数，意味着 m 也一定是偶数。因此，就可以表示为

$$m=2k(k \text{ 为自然数}) \cdots ②$$

将 ② 代入 ① 中，则 $2n^2=(2k)^2$，即 $2n^2=4k^2$。那么，$n^2=2k^2$。由此式可知，如上相同理由，n 必定为偶数。

那么 m 和 n 都是偶数，与开头的"$\sqrt{2}$ 应该可以标记为无法再约分的一个分数"相矛盾。因此，$\sqrt{2}$ 是有理数的假设是错误的，也就是证明了 $\sqrt{2}$ 是无理数。

像这样先做某个假设（在这里是把 $\sqrt{2}$ 设定为有理数），然后产生矛盾，显示假设不成立，从而证明某个事项（$\sqrt{2}$ 是无理数）的方法被称为"归谬法"。

$\sqrt{2}$ 等是无理数的发现被记载在古希腊哲学家柏拉图（前 427 年～前 347 年）的著作《泰阿泰德篇》中。泰阿泰德（前 417 年～前 369 年）是古希腊数学家。

本节中介绍的证明 $\sqrt{2}$ 是无理数的方法也记载在柏拉图的著作《泰阿泰德篇》中。🍎

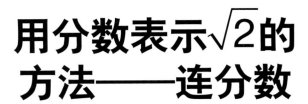

用分数表示√2的方法——连分数

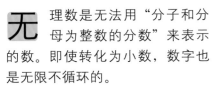 理数是无法用"分子和分母为整数的分数"来表示的数。即使转化为小数，数字也是无限不循环的。

但如果使用"连分数"这种特殊的分数，无理数也可以用分数来表示。连分数是分母中依然包含分数的分数。

比如 $\sqrt{2}$、$\sqrt{3}$ 可以如下所示，只使用简单的 1 和 2 的连分数来表示。被称为黄金比例的数 ϕ（1.618…）用连分数表示时，只需要使用数字 1（见右图）。🍎

ϕ 的连分数标记

$$\phi = 1 + \cfrac{1}{1 + \cfrac{1}{1 + \cfrac{1}{1 + \cfrac{1}{1 + \cfrac{1}{1 + \cfrac{1}{\ddots}}}}}}$$

ϕ 是满足 $\phi = 1 + \cfrac{1}{\phi}$ 的数，把"$\phi = 1 + \cfrac{1}{\phi}$"代入这个式子的 ϕ 中，就得到了右边的连分数。

$\sqrt{2}$ 的连分数标记

$$\sqrt{2} = 1 + \cfrac{1}{2 + \cfrac{1}{2 + \cfrac{1}{2 + \cfrac{1}{2 + \cfrac{1}{2 + \cfrac{1}{\ddots}}}}}}$$

$\sqrt{3}$ 的连分数标记

$$\sqrt{3} = 1 + \cfrac{1}{1 + \cfrac{1}{2 + \cfrac{1}{1 + \cfrac{1}{2 + \cfrac{1}{1 + \cfrac{1}{\ddots}}}}}}$$

方程式是什么？

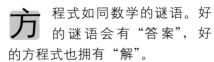程式如同数学的谜语。好的谜语会有"答案"，好的方程式也拥有"解"。

比如，让我们来思考某个数加上3等于5，那这个数是什么？用式子来表示这种情况就称为"方程式"，这种情况可以表示为

$$? +3=5$$

此时，"="所分隔的左侧称为"左边"，右侧称为"右边"。左边和右边是等号关系，则一定是相等的。如果用天平来比喻的话，正好是两侧平衡的状态。

通常，"？"的部分用"x"等字母来表示。像前面的式子，就可表示为

$$x+3=5$$

左边和右边都减去3的话，就可以解这个方程了。正如天平的两端即使都减去相同的重量，也依然可以保持平衡。这样的操作可以看作左边的"+3"改变符号后拿到右边，这种操作被称为"移项"。用式子来表示，则变为了 $x=5-3=2$，也就是这个问题的解为 $x=2$。

这个方程似乎也可以用下面的方法来解："将2代入x，2+3=5，因此$x=2$是解。然而通过移项得到的第一个解，和代入得到的第二个解，这两种方法有着很大差别。

通过移项所得的第一个解是"如果$x+3=5$成立的话，则$x=2$"这样的逻辑。而通过代入所得的第二个解的逻辑是"如果$x=2$，则$x+3=5$成立"。在通过移项来解的情况下，可以证明如果$x+3=5$正确，则x一定等于2。

另外，通过代入来解的情况，假设$x=2$，确实$x+3=5$，但x在2之外依然有可能使"$x+3=5$"

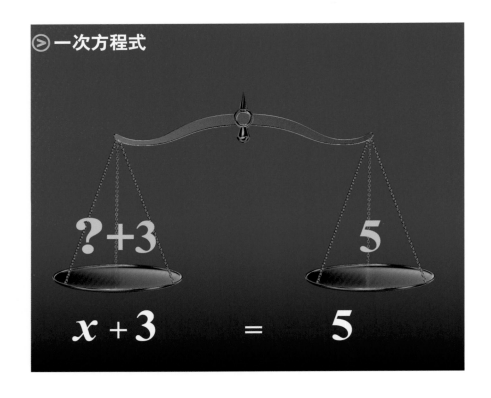

⊳ 一次方程式

? +3   5

x + 3   =   5

成立，无法排除这种可能性。

在考虑以下二次方程式，将更加深刻地认识到这种差异。

二次方程的解法

来思考一下"边长为 x 的正方形，和两个高为 x、宽为 1 的长方形的面积之和，正好为 35，求 x 的值"这样一个问题。用式子表示的话，得到 $x^2+2x=35$ 这样的二次方程式。二次方程式通过移项、同类项整理等方式，可变形为

$$ax^2+bx+c=0(a \neq 0)$$

要将上方式子变为这个形式，则需在两边同时减去 35。这样一来，变为 $x^2+2x-35=0$。要想解这个式子，对左边进行因数分解，得到 $(x+7)(x-5)=0$，求得解为 -7 和 5。又因为正方形边长不能为负数，所以可以得到结论：正方形边长为 5。

如果两个数相乘为 0，那么两个数中的任意一方为 0，要注意充分利用 0 的特殊性。据此，我们可以确认，如果 x 不是 5 或 -7，那 $x^2+2x=35$ 就不成立。

如果通过代入来解这个方程式的话，尝试将 -7 代入 x，则因为 $(-7)^2+2(-7)-35=49-14-35=0$，所以等式成立。因此，如果认为 "$x=-7$" 是解，正方形的边长不能为 -7，只能得到或许还有其他解的讨论，陷入不知如何是好的境地。

也存在一些无法像上述一样进行完美因数分解的情况，如 $2x^2+5x-3=0$ 在这个时候，可以使用以下二次方程式的解的公式。

$$x = \frac{-b \pm \sqrt{b^2 - 4ac}}{2a}$$

在这个公式中，代入 $a=2$，$b=5$，$c=-3$，则求得

$$x=-3, \quad \frac{1}{2}$$

关于二次方程式的解的公式，将在第二章中详细解释。🍎

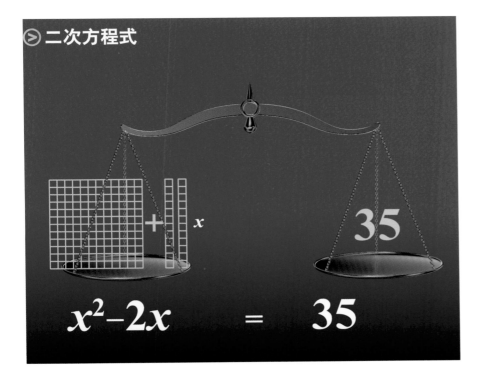

▷ **二次方程式**

$x^2-2x \quad = \quad 35$

Topics 实数的完成和无限的概念

"实数"的真正发现和无限的"浓度"

在本章中，我们主要回顾了从自然数到有理数（可用自然数之比来表示的数），以及到$\sqrt{2}$这样的无理数的出现过程。有理数加上无理数被称为"实数"。其实，实数的定义更加深奥。实数到底是什么？对实数进行真正定义的是 19 世纪的数学家戴德金和康托尔。此外，康托尔还发现了"无限"中拥有各种各样的大小。

执笔　**木村俊一**
日本广岛大学理学部数学科教授

实数的真正发现在 19 世纪

可以用整数分之整数的分数来表示的数称为"有理数"。有理数用小数来表示的话，一定是"循环小数"。也就是，循环小数可以用整数除以整数的分数形式来表示。比如，如果把"0.123123123…（123 无限循环）"这样的数设为"S"，则因为 1000S=123.123123123…=123+S，所以 999S=123，那么 S 就可以用分数标记为 $S=\dfrac{123}{999}=\dfrac{41}{333}$。

像这样，有理数是可以用循环小数来表示的数，反过来说，循环小数是有理数。2 和 3 这样的有理数，2.5 和 1.23 这样的有限小数，都可以分别表示为 $\dfrac{2}{1}$、$\dfrac{3}{1}$、$\dfrac{5}{2}$、$\dfrac{123}{100}$，因此是有理数，它们可以勉强被认为是 2.0000…、3.0000…、2.500000…、1.230000…这样"0 在反复循环"的循环小数，可以认为"有理数毫无例外地都是循环小数"。

那让我们将数字的序列不循环地排列起来。比如，0.12345678910111213 1415…（从 1 开始按照顺序写）这样的数字被称为"钱珀瑙恩数（Champernowne constant）"，没有周期，因此没办法写成有理数。这样用不循环小数表示的数被称为"无理数"。有理数加上无理数被称为"实数"。

0.9999…=1？

以上是在高中教科书中关于实数的定义，其实存在一些可疑的地方。"可以用不循环小数来表示"究竟表示的是什么？小数是表示数的"标记"，或者说设想什么可以表示的"实体"。究竟什么是实数的实体呢？

让我们尝试来思考以下问题。

0.9999…（9 无限循环）这个数和 1=1.0000…（0 无限循环），这两个数哪个大？如果你认为比起 0.9999…，1 似乎要大 0.000（0 无限延续）…0001，一定要继续往下看。0.9999… 和 1（=1.000…）其

38

实只是标记不同，实质上是同一个数字。很多人是被表记方法蒙蔽而认为有所区别，从而无法认识到实体的证据。

虽然你可能还不能接受，但让我们来证明一下0.9999…=1.000…。

首先，设 S=1.0000…。除以3，得到0.3333…。也就是 $\frac{S}{3}$ =0.3333…。两边都乘以3，则 S=0.999…。这样一来，就证明了1.0000…=0.9999…。

另一个证明方法，设S=0.9999…。因此这是循环小数，所以可以用分数来表示。因为10S=9.9999…=9+S，所以9S=9，因此两边同时除以9，得 S=1。也证明 0.9999…=1。

也有人持反对意见，10S=9.9999… 中的 9，比 0.9999… 中的 9往左偏一位。所以 10S 的小数点后的 9 比 S 的小数点后的 9 少一位，这个 9 去哪里了呢？这个差除以 9 得到的商为 0.000（无限的 0持续）…0001，最后 1 位是 1，这样一来难道 1 不是比 0.999…大吗？

这样看的话，在刚才 0.123123…= $\frac{41}{333}$ 这个等式中，一样的道理难道右边应该更大一些吗？如果对 $\frac{41}{333}$ 进行除法计算的话， $\frac{41}{333}$ =0.123123123123… 是无限循环小

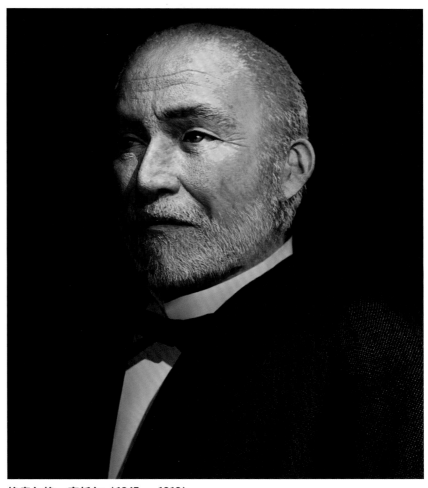

格奥尔格·康托尔（1845 ～ 1918）

数，和左边是完全一致的，这可以作为反对意见的反对意见。

然而即使通过这样的证明，恐怕也很难得到所有人的认可。因为对于 0.9999… 和 1.0000… 这样的标记所表现的，如果不理解"究竟表现的是什么，实体到底是什么"，是无法确定这个等式是相等，还是不相等的。

"1"和"0.9999…"是数直线上相同的点

那么，小数所表示实数的实体究竟是什么呢？那就是"数直线上的点"。在数学上，一条无限延伸的直线上标记着 0 和 1 这样的刻度，这条直线上存在着的点便是实数。对这个位置进行精密测量，像"3.1415926…"这样无论多么精密的数都可测量。用小数表示这样理想化的数直线上的点，就是

实数。

用不同的小数表示，但实体是数直线上相同的点，这样的情况是可能存在的吗？在数直线上的"0.999…"和"1.000…"，恐怕发生了这样的情况。究竟是怎么回事，让我们来分析一下。

画一条数直线，然后画上 1.0 和 0.9999…。0.9999…比起 0.9、0.99、0.999 都要更靠右一些。

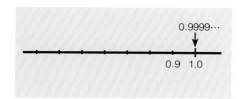

画下这个示意图后，我们会发现 1.0 和 0.9999…不得不正好画得重合在一起，因此 1 和 0.9999…之间无法区分。如果将精度提高呢？让我们尝试将精度提高一万倍。

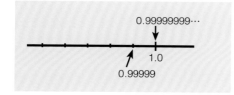

0.9999…画的不得不比 0.99999、0.9999999、0.99999999 都更靠右边。也就是说，即使把精度提高一万倍，也依然不得不将 0.999999…画在正好和 1.0 相同的地方。那么，如果将精度再提高一万倍呢？如果还不行，提高 1 亿倍后，再提高 1 亿倍呢？结论是无论提高多

少倍依然是不行。无论把精度提高到什么程度，1 和 0.9999…没有区别。

通过这样的思维实验来"观测"，是否观测到标记方法区别决定了数直线上两个点是否相等。这样一来，对现实世界进行"观测"，测量长度，由此所得到直观感受通过数学的精密化，从而诞生出实数的概念。无论如何精密地观测，1 和 0.9999…都没有区别，这两个点是数直线上相同的点。

最早发现像上面一样的实数思考方法的是 19 世纪的理查德·戴德金（1831～1916）和格奥尔格·康托尔（1845～1918）。戴德金和康托尔意识到"实数还未被清晰地定义"，之后在 1872 年分别独立发表了关于实数的定义。到 19 世纪，人类才终于真正地创立实数。

康托尔解开"实数的无限"的"真身"

无限是"没有极限"的意思，人类至少在古希腊时代就开始思考无限。但是，柏拉图和亚里士多德这些古希腊著名哲学家都避免正视无限的概念。如同芝诺的悖论"阿基里斯和乌龟"，因为不喜欢对于无限的混乱议论，所以存在这样的悖论设想。

无限看似简单，但其实存在着

各种各样的无限。比如，自然数全体"1，2，3，4，…"和偶数全体"2，4，6，8…"哪一个比较多？因为奇数被去除了，所以自然数的数量比较多？不，并不是这样的。哪一种无限，都可以标注"第 1，第 2，第 3，第 4，…"这样的编号，原本"数数"便是标注"第 1，第 2，…"的编号。

并且，自然数全体和偶数全体都恰好可以用所有的自然数来数尽，因此是相同的个数。像这样，使用所有的自然数，标注上"第 1，第 2，…"的编号，从而可以数尽的无限称为"可数无穷"。

那么，"…，-2，-1，0，1，2，…"这样两边都是无限的整数全体又称作什么呢？其实这也是可数无穷。按照绝对数从小到大整理，可以按照 0，-1，1，-2，2，-3，3…这样的顺序进行排列。相似的想法，有理数的整体也可以被认为是可数集。按照分母、分子从小到大进行排列，可以排列成 $\frac{0}{1}$，$-\frac{1}{1}$，$\frac{1}{1}$，$\frac{2}{1}$，$-\frac{1}{2}$，$\frac{1}{2}$，$\frac{2}{1}$，…。因为 $\frac{0}{2}$ 和 $-\frac{0}{2}$ 只要数 1 次，重复以后没法数所以不得不去除。当然 $\frac{1}{0}$ 和 $\frac{2}{0}$ 之类的是分母为 0 的除法，是不能进行的。

实数全体无法按照顺序排列

虽说有着各种各样的无限，偶

数、自然数、整数、有理数都是可数无穷。让我们来看一下不同大小的无限。首先来考虑全体实数，这是 19 世纪数学家格奥尔格·康托尔（1845～1918）的大发现，但实数全体无法以"第 1，第 2…"这样的顺序进行全部排列。

让我们来假设有人主张"可以制作把所有实数排列起来的列表"。

虽然不知道规则，但按照第 1 个数为 3.1415926…，第 2 个数为 0.333…，第 3 个数为 1.41421356…，这个列表中所有实数一个不漏全都排列出来。

让我们来证明这个列表中是否有遗漏的数。其实我们可以制造出被遗漏的数。这里让我们来制造出介于 0 和 1 之间，也就是形式为

0.…这样形式的数。

位于列表第 1 位的数的小数点后 1 位是 1。在这里，我们制造的实数的小数点后 1 位为 1 以外的数，假设为 6。然后，列表中第 2 位的数的小数点后 1 位为 3，我们所制造的实数的小数点后第二位为 3 以外的数，假设为 8。再进一步，列表中第 3 位的数的小数点后

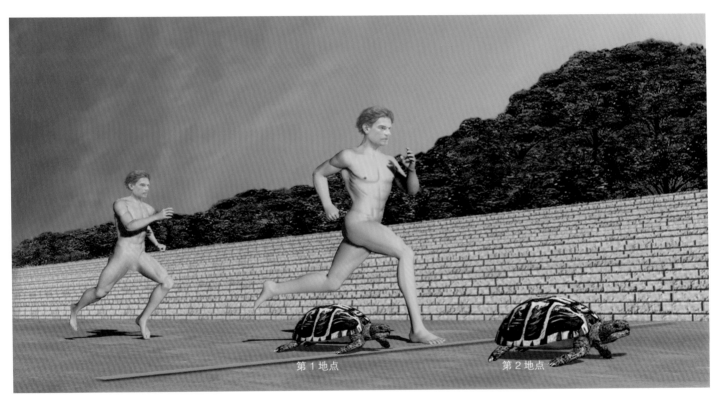

第 1 地点　　　　　第 2 地点

阿基里斯和乌龟的悖论

即使阿基里斯到达乌龟最初的位置（第 1 地点），在这个时候乌龟已经前进了一些（到达第 2 地点）。而当阿基里斯再一次到达乌龟所在的地方（第 2 地点），乌龟在这时又前进了一些（第 3 地点）。这个过程可以无限反复。阿基里斯和乌龟的距离可以无限接近于"0"，但阿基里斯永远追不上乌龟…

这就是"阿基里斯和乌龟"的悖论。现在我们可以对此进行简单的说明，阿基里斯最初和乌龟的距离为 0.9 米，设阿基里斯奔跑的速度为秒速 1 米，乌龟为秒速 0.1 米，阿基里斯到达乌龟最初的位置（第 1 地点）所用时间为 0.9 秒。在这个时间里，乌龟前进了 0.09 米（第 2 地点）。阿基里斯到达乌龟的第 2 地点需要 0.09 秒。进一步，乌龟在这个时间内前进了 0.009 米（第 3 地点），阿基里斯达到第 3 地点需要 0.009 秒。也就是说，追上乌龟所需要的时间可通过"0.9+0.09+0.009+0.0009+0.00009+…"（秒）这一无限的加法求得。

古希腊学者芝诺认为，"因为是无限的加法，所以答案是无限大"，但事实并不是如此。这个加法无限接近 1，肯定不会超过 1（右侧示意图），也就是阿基里斯会在 1 秒后追上乌龟。

总面积为 1 的正方形

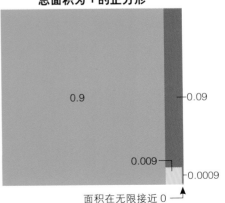

0.9　　　0.09

0.009　　0.0009

面积在无限接近 0

列举所有实数的列表		创造"未包含在左侧列表中的实数"	
第1位的实数	3.[1]415926…	小数点后第1位不为1	0.[6]
第2位的实数	0.3[3]33333…	小数点后第2位不为3	0.6[8]
第3位的实数	1.41[4]2135…	小数点后第3位不为4	0.68[9]
第4位的实数	0.666[6]666…	小数点后第4位不为6	0.689[4]
第5位的实数	1.2345[6]78…	小数点后第5位不为6	0.6894[2]
⋮	⋮	⋮	⋮
第234位的实数	0.6894239…[3]…	小数点后第234位不为3	0.6894239…[8]
⋮	⋮	⋮	⋮

未包含在列表中的实数 0.6894239…8…

这样所创造出的实数（左），和"列表中第 *n* 位的实数"进行比较时，小数点后第 *n* 位的数字必然不同。也就是，这个实数是左边列表中不包含的实数。这样就可以指出列表中有遗漏的实数，所以便可知按照顺序列举出全体实数是不可能的。

3位为4，所以我们创造的实数的小数点后3位是4以外的数，假设为9。这样一来，我们就创造出了0.689…这个小数。

接下来以相同的方式依次决定小数点后的数字，就可以制造出与列表中的任意数字都不相同的数。假设列表中第234位的数位0.689…这样的数。但是，小数点后第234位的数字未必相同。这样一来，我们就可以制造出列表中没有的数字，便可知全体实数是无法按照第1、第2…这样的顺序进行排列的。

康托尔通过被称为"对角线证明"的方法，证明了实数全体并非可数集。实数全体的无限，是比自然数全体和有理数全体的无限"更大"的无限。此外，自然数和有理数等可数无穷的集合的"浓度"（称为无限的大小的浓度）设为"aleph 0"，而实数全体的无限的浓度为"aleph 1"。

康托尔致力于证明这一难题：不存在浓度介于 aleph 0 到 aleph 1 之间浓度的无限，但还未证明完，他便去世了。现在已经证明康托尔所研究的难题是无解的，以此为基础，aleph 1 并非实数全体的浓度，而被称为"仅次于最小无穷集即可算集的无穷"。

康托尔的"无限论"在发表时招致了一部分数学家的强烈反对，期刊拒绝刊载康托尔的论文。康托尔曾高喊"数学是自由的"，现在康托尔理论已经是数学家的常识。🍎

光会碰撞到棒子吗？

　　想象一个无限延伸的平面，在平面上拥有一定间隔的格子，在各个交点处竖立着垂直的棒子。因为平面无限延伸，所以棒的数量也是无限的。现在从一个交点出现向着各个方向发出光线。这个光线会碰撞到棒子吗？让我们假设光线和棒的粗细为无限小。直观感觉来看，因为光线前进方向有无限的棒，总会在某个时刻碰撞到棒子。如下图所示，我们把光源的位置作为坐标的原点来考虑。这里"光线碰撞到棒子"也就相当于直线会经过坐标分量为整数的点。下图中的光线 A 通过坐标 (5，1)，斜率为 $\frac{1}{5}$，光线 B 通过坐标 (4，3)，斜率为 $\frac{3}{4}$。当斜率为有理数时，光线会碰撞到棒子。而光线 C 的斜率为 $\sqrt{2}$，光线 D 的斜率为 π，都是无理数。因为无理数无法用整数形成的分数表示，因此斜率为无理数，光线就一定不会碰撞到棒子。

　　根据康托尔的理论，有理数的个数为 aleph 0 的无限，无理数的个数为 aleph 1 的无限。这意味着无理数的个数比有理数的个数多得多。也就是说，当不对斜率进行干预（下图中为光线 x），那么恰巧有理数的概率接近 0。与我们的直觉相反，光线几乎百分之百的概率不会碰撞到棒子，而向着无穷远处前进。

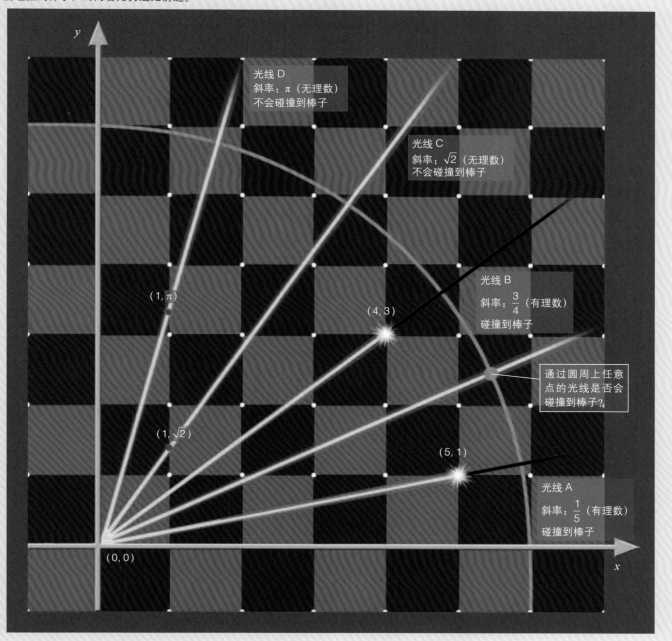

什么是虚数

虚数指的是"平方后的结果是负数的数"。这样的数，在第一章介绍的实数里是不存在的。所以，虚数也被认为是"不存在的数"或"想象中的数"。那么，虚数又是怎样被发现的呢？我们又为什么需要虚数呢？在第二章里，让我们来看看虚数被发现的历史吧。

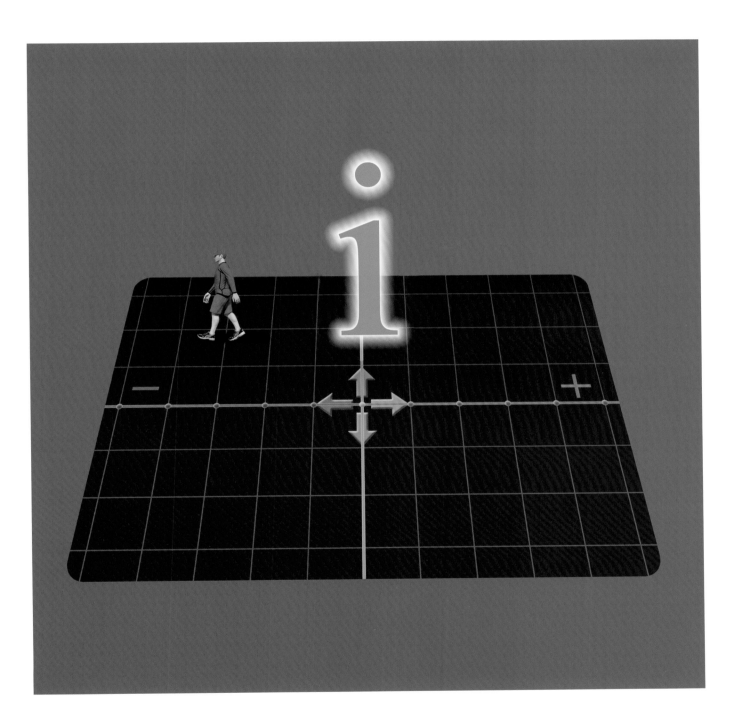

在实数里不存在的、用 "i" 来表示的不可思议的数

任何实数平方后的结果都不会是负数，如 $(-1) \times (-1) = 1$，$(-\sqrt{2}) \times (-\sqrt{2}) = 2$。但是，超越普通观念，把在实数世界中不存在的"平方后结果是负数的数"看成一种"新的数"，就是所谓的"虚数"※，英语称为"imaginary number"，意思就是"想象中的数"。

在 18 世纪，有一位使用这种在当时看起来很难理解的虚数来进行数学研究的人。他就是瑞士数学家莱昂哈德·欧拉（1707~1783）。欧拉把"平方后结果是 −1 的数"定义为"虚数单位"，并用 imaginary 的首字母"i"作为虚数单位的符号，即 $i^2 = -1$。如果用平方根来表示，就可以写成 $i = \sqrt{-1}$。

欧拉用他天才般的计算能力解释了虚数的重要性质（参见第 4 章介绍）。

虚数是很难想象、很难被接受的数

和我们熟悉的实数相比，虚数是完全不同的数。和实数不一样，我们不能用虚数去衡量物体的数量，如"i 个苹果"。所以虚数很难想象，也很难理解。如后页介绍的那样，虚数被发现后，很多数学家花了很长的时间才理解和接受它的存在。

※：关于虚数的详细定义，将会在第 3 章介绍。

$$i^2 = -1$$

莱昂哈德·欧拉

（1707~1783）

瑞士数学家，也是发表论文最多的数学家之一。他不仅对虚数，还对三角函数、对数和微积分等不同数学领域进行了深入的研究。他的研究成果为现代数学奠定了基础。

不存在 "i 个苹果" 的说法

我们可以考虑用自然数去衡量苹果等物品的数量，也可以考虑用分数（有理数），甚至是无理数去测量实际物体的大小或长度。但是，我们无法用像 "i 个苹果" 这样的说法去衡量具体的量。示意图描绘了虚数不可思议的特性。

有没有两个数，"相加为 10，相乘为 40"？

为什么需要虚数呢？实际上，如果不引入虚数，很多问题都无法求解。让我们来看下面这个例子吧。

16 世纪，意大利数学家吉罗拉莫·卡尔达诺（1501～1576）在其所著的数学名作《大衍术》（Ars Magna）里提出这样一个问题。

> 有两个数，
> 二者之和为 10，
> 二者之积为 40，
> 这两个数分别是多少？

如下面的示意图所示，让我们用小木块组成四边形来考虑卡尔达诺的这个问题。首先，把这个问题

要求的两个数考虑成"横着摆放的木块数"和"竖着摆放的木块数"。在满足"横着摆放的木块数＋竖着摆放的木块数＝10"的条件下去摆放四边形。如果能够找到木块总数为 40 块的四边形，就算找到问题的答案了。

横着＋竖着＝10

把木块摆成四边形的时候，有没有一种摆放方法能让四边形的木块总数（下面的式子）达到 40 块呢？

横着 × 竖着＝40

用木块摆放四边形来思考卡尔达诺问题

示意图展示了在满足"横着摆放的木块数＋竖着摆放的木块数＝10"的情况下的 3 种摆放四边形的方法。无论哪种摆放方法，都不能使四边形的木块总数达到 40 块。

横着5块 ＋ 竖着5块 ＝ 10

横着 5 块

竖着 5 块

1	2	3	4	5
6	7	8	9	10
11	12	13	14	15
16	17	18	19	20
21	22	23	24	25

横着5块 × 竖着5块 ＝ 25

找不到卡尔达诺问题的答案?

首先，我们看看横着摆放 5 块、竖着摆放 5 块（5+5=10）的四边形（参见左页示意图）。在这种情况下，四边形的木块总数是 25 块（5×5=25），不能满足问题的条件。

那把木块横着摆放 4 块、竖着摆放 6 块（4+6=10）又会如何呢？这种情况下，四边形的木块总数是 24 块，也不满足问题的条件。

像这样把所有的组合模式都试一遍后会发现，横着摆放 5 块、竖着摆放 5 块时的木块总数是最多的，为 25 块。其他摆放方法组成的四边形的木块总数都会少于 25 块。也就是说，在限制了"横着摆放的木块数＋竖着摆放的木块数＝10"的条件下，找不到一种摆放方法使得四边形的木块总数达到 40 块。这意味着，卡尔达诺问题是一个无解问题。

但在《大衍术》里，竟然明确公布了这个问题的答案。答案其实就是虚数，我们将会在下一页里看到这个问题的解答。

横着4块 ＋ 竖着6块 ＝ 10

横着 4 块

竖着 6 块

横着2块 ＋ 竖着8块 ＝ 10

横着 2 块

竖着 8 块

横着4块 × 竖着6块 ＝ 24　　横着2块 × 竖着8块 ＝ 10

无论如何也不能使横放块数 × 竖放块数 ＝ 40

（四边形木块总数达不到 40 块）！

用"平方后结果是负数的数"就能求解卡尔达诺问题了

卡尔达诺问题的答案，就是"$5+\sqrt{-15}$"和"$5-\sqrt{-15}$"这两个数。$\sqrt{-15}$表示"平方后的结果是 -15 的数"，也就是虚数。那我们来验证一下"$5+\sqrt{-15}$"和"$5-\sqrt{-15}$"这两个数是否真的是问题的答案。

首先，"$5+\sqrt{-15}$"和"$5-\sqrt{-15}$"相加，$\sqrt{-15}$ 的部分会互相抵消，所以结果是 10。另外，两个数相乘

吉罗拉莫·卡尔达诺

（1501～1576）

意大利医生、数学家。他在 1545 年出版了《大衍术》（*Ars Magna*），其中记述了三次方程和四次方程的解法，以及用这些解法能够求解的问题。

卡尔达诺在《大衍术》里记述的虚数

本页图片显示的就是卡尔达诺在《大衍术》里记述的负数的平方根（虚数）。右页的专栏里记述的是有关三次方程的解里出现虚数的故事。

卡尔达诺记述的虚数

$$5\,p\!:\!R\!x\,m\!:\!15$$

$$5\,m\!:\!R\!x\,m\!:\!15$$

上面是卡尔达诺在《大衍术》里记述的问题答案。在卡尔达诺时代，还没有表示平方根的符号 $\sqrt{\ }$，用的是从拉丁语单词 *Radix*（表示根的意思的）简化而成的符号"Rx"。另外，当时正号的符号是"p:"，负号的符号是"m:"。用现在的书写方法就是以下的样子。

$$5+\sqrt{-15}$$

$$5-\sqrt{-15}$$

卡尔达诺这样记述道，"如果忽略精神上的痛苦，这两个数相乘后结果为 40，的确满足问题的条件"。同时他还写道，"这只是诡辩的概念，数学虽然能做出如此精密的解答，却毫无实用的意义"。虽然他展示了含有虚数的答案，但可以看出，他自己并没有接受和承认虚数的存在。

（关于虚数的乘法计算将在第四章详细介绍），

$(5+\sqrt{-15})\times(5-\sqrt{-15})$
$=25-(5\times\sqrt{-15})+(5\times\sqrt{-15})+15$
$=40$

确实是满足卡尔达诺问题的两个条件。

卡尔达诺用引入虚数的方式解答了本来无法求解的问题。但卡尔达诺同时写道，虚数（负数的平方根）是"诡辩的概念，在实用中没有意义"，可以看出他本人也没有完全接受和承认虚数的存在。

卡尔达诺问题的解法

通过将"比 5 大 x 的数"和"比 5 小 x 的数"组合，探索相乘为 40 的数。将（5+x）和（5–x）代入的话，

$$(5+x)\times(5-x)=40$$

使用初中学习的公式 $(a+b)\times(a-b)=a^2-b^2$，使左边变形，得到

$$5^2-x^2=40$$

因为 $5^2=25$，所以

$$25-x^2=40$$

移项后得

$$x^2=-15$$

x 是"平方后为 –15 的数"，但现实中不存在这样的数。而卡尔达诺在书中，将"平方后为 –15 的数"写作 $\sqrt{-15}$，似乎像普通的数一样进行操作。然后，"比 5 大 x 的数"和"比 5 小 x 的数"的组合，书中将"$5+\sqrt{-15}$"和"$5-\sqrt{-15}$"作为问题的答案。

《Ars Magna（大衍术）》

卡尔达诺在 1545 年所著的数学书籍。书中记载了三次方程式和四次方程式的解法，以及相关练习问题等。

虚数的
诞生②

因为奇妙而难以被接纳的虚数

不 只是卡尔达诺，虚数这种奇妙的数，无法被当时的数学家所接受。比如，把负数作为"伪的解"而无法接受的笛卡儿

也不承认虚数。把"负数的平方根（也就是虚数）"称为"nombre imaginaire（法语意为想象中的数）"。而实际上这成了译为"虚

数"的英语"imaginary number"的词源。而日语中"虚数"这一词语，是从中国引入的。

另外，因创作了无限大的符号

勒内·笛卡儿

（1596～1650）

"我思故我在"一语的提出者，著名的法国哲学家、数学家。笛卡儿作为数学家最早提出"所有图形的问题都可以转化为计算的问题"而知名。但是，他没有承认在计算问题中屡屡出现的"负数"或"虚数"，而把它们当作"伪的解"和"想象中的数"。

nombre imaginaire
imaginary number

和虚数的"格斗"

出现在笛卡儿著作中的"负数的平方根"，并没有马上被数学家所接受。笛卡儿对于这个数，称之为带有否定意味的"想象中的数"（本页）。沃利斯则努力把虚数的存在正当化（右页）。

虚数是"想象中的数"

笛卡儿把负数的平方根称为"nombre imaginarie（法语，想象中的数）"，这是英语中"虚数（imaginary number）"一词的词源。

"∞"而广为人知的英国数学家约翰·沃利斯（1616～1703）提出了以下的说法，试图使虚数的存在正当化。

"一个人得到了面积为 1600 的土地，而后失去了面积为 3200 的土地。整体来看，面积为 –1600。如果把这个负的面积的土地看作是一个正方形的话，那么应该就存在一个边长既不是 40，也不是 –40，边长为负的平方根，即 $\sqrt{-1600}=40\sqrt{-1}$。"

这段话看似是一种诡辩，也并不需要去接受，但可以由此知道为了让虚数被承认，沃利斯所做的努力。

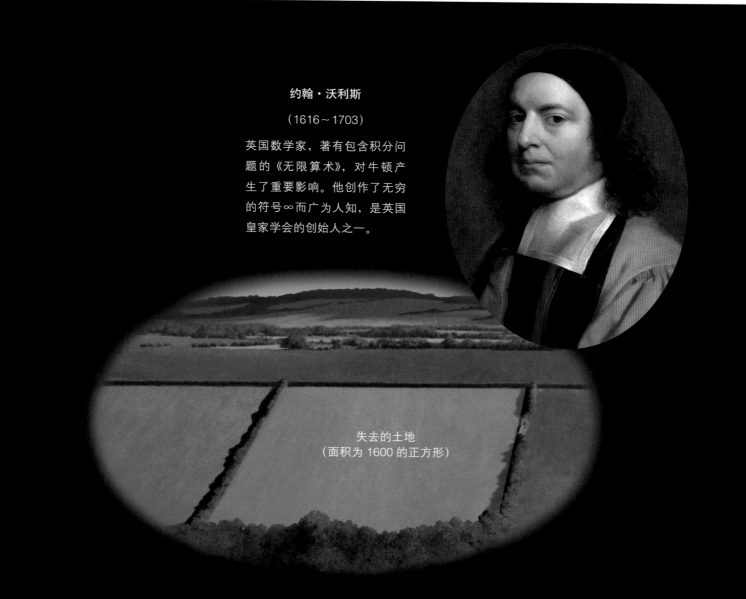

约翰·沃利斯

（1616～1703）

英国数学家，著有包含积分问题的《无限算术》，对牛顿产生了重要影响。他创作了无穷的符号∞而广为人知，是英国皇家学会的创始人之一。

失去的土地
（面积为 1600 的正方形）

失去的土地的边为虚数？

沃利斯提出了以下的话，试图使虚数的存在正当化。

一个人得到了面积为 1600 的土地，而后失去了面积为 3200 的土地。整体来看，面积为 –1600。如果把这个负的面积的土地看作是一个正方形的话，那么应该就存在一个边长既不是 40，也不是 –40，边长为负的平方

通过可视化表示后，虚数总算被大众接受了

在第一章中，我们说过，凡是实数都会存在于一条数的直线上。但是，虚数不可能存在于这条直线上。因为缺乏这样的直观表述，虚数很难被大众接受。这和负数当时难以被大众接受的情形很相似。

那么，要怎样才能让虚数可视化地表示呢？想出这个方法的是丹麦的测量技师卡斯帕尔·韦塞尔（1745~1818）。韦塞尔的想法是，既然虚数不在数的直线上，那么就在数的直线之外。也就是说，从零的位置（原点）往上、下的方向绘制一根箭头就可以用来表示虚数了。

几乎在同一时期，法国的会计师让－罗贝尔·阿尔冈（1768~1822）和德国的数学家卡尔·弗里德里希·高斯（1777~1855）也分别独自想到了同样的方法。

如果用水平放置的直线来表示实数，然后用与其垂直的直线来表示虚数，就能得到一个有横纵两轴的平面。这个平面上的点就可以用来表示虚数。

实数和虚数合起来构成的新数，就是"复数"

高斯把这个平面上的点所表示的数称为"复数"。顾名思义，复数的意思就是将实数和虚数复合在一起的数。例如，实数"2"和虚数"3i"加起来就成了"2+3i"。像这样书写的新的数就是复数。

用来表示复数的平面称为"复平面"。有了复平面，虚数也能可视化地被表示出来，终于得到了它应有的"合法地位"。

虚数可以在平面上表示出来
右页示意了表示实数的数的直线（上方），以及表示结合了实数和虚数的复数的"复平面"（下方）。复平面有时也被称为"高斯平面"或"阿尔冈平面"。

卡尔·弗里德里希·高斯

（1777~1855）

德国数学家、物理学家，拥有很高的数学天赋，也被称为19世纪最伟大的数学家。他不仅研究数学，还在电磁学、天文学等领域取得了令人瞩目的成绩。

表示实数的"数的直线"

可以用数的直线上的一个点去表示一个实数。

表示虚数（复数）的"复平面"

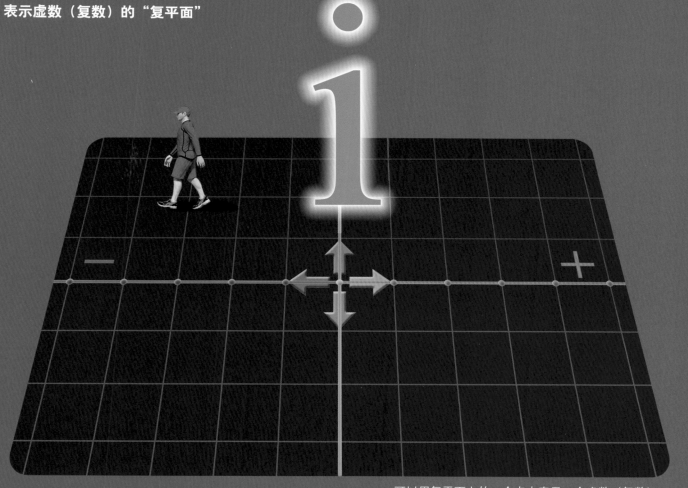

可以用复平面上的一个点去表示一个虚数（复数）。

在二次方程中，有实数中无法得到答案的情况

在欧洲，直到 17 世纪，"负数"的概念都未被接受，比如"7−9"这一减法无法得到答案。但引入印度在 6 世纪发明的"0"后，17 世纪的欧洲人接受了

负数，"7−9"就可以得到"−2"这个答案了。这样一来，实数的四则运算的答案可以在实数的范围内找到（除了分母或除数为 0 的情况）。

认可负数让数字世界的"扩张"终于到达"终点站"了吗？并不是如此。到此为止不要说数字世界的"扩张"，即使是实数中也存在无论如何都得不到答案的

⊘ 想知道有没有解的时候？

要想知道二次方程是否有解，如右图便可以了解。但是，如果对二次方程式的解法公式中平方根中的"b^2-4ac"的符号进行调查，就会发现即使不绘图，也可以判断是否有解。其中"b^2-4ac"被称为"判别式"，写作记号 D。当 D＞0 时，拥有 2 个解（1），当 D＝0 时，拥有 1 个解（2），当 D＜0 时，没有实数解（3）。

二次方程式的解法公式

二次方程式 $ax^2+bx+c=0$ 的解为

$$x = \frac{-b \pm \sqrt{b^2 - 4ac}}{2a}$$

二次方程式的判别式

二次方程式 $ax^2+bx+c=0$ 的判别式为

$$D=b^2-4ac$$

• D＞0 时，拥有 2 个解

• D＝0 时，拥有 1 个解（重根）

• D＜0 时，没有实数解

1. 判别式 D＞0 的情况

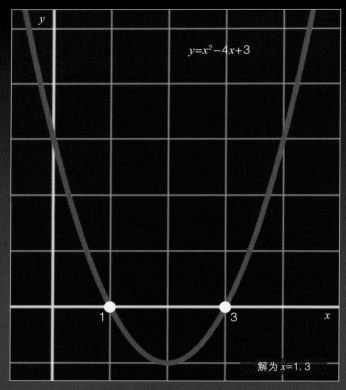

$y=x^2-4x+3$

解为 $x=1,3$

$D=4^2-4\times1\times3$
$\quad=16-12$
$\quad=4＞0$

问题。

如第 48 页的介绍中，卡尔达诺问题中相加为 10，相乘为 40 的两个数是什么？这样的问题，便是如此。

要是存在平方后为负的数…

卡尔达诺的问题可以写作"求使 $25-x^2=40$ 时，x 的值"（见第 51 页介绍）。把式子进行变形，则"$x^2=-15$"。也就是，"寻找平方之后为 −15 的数"。但在实数之中，不存在平方之后为负的数。因此，这个问题的答案在实数之中是一定找不到的。

出现 x^2 的方程式被称为"二次方程式"。在公元前 2000 年，美索不达米亚人就已经知道可以找到简单二次方程式答案（解）的方法了。这与我们在初中数学中学到的"二次方程式的解法公式"在本质上是一样的。

但是，使用这个必胜方法解上面的问题时，因为"平方之后为负数"，就会陷入无法计算的情况中。美索不达米亚人似乎没有处理这种问题的方法。

"要是存在平方之后为负数的话，那至今没有答案的二次方程式也应该可以得到答案"。人们不得不等待了 3500 年以上，直到 16 世纪才出现了注意到这个问题的数学家。🍎

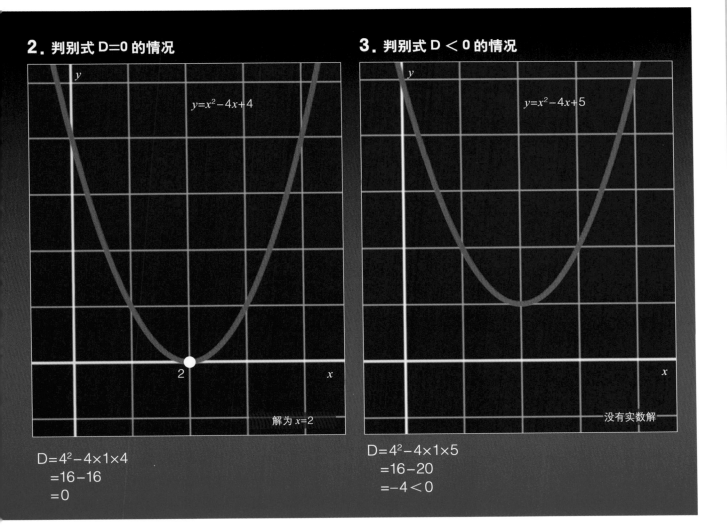

2. 判别式 D＝0 的情况

$y=x^2-4x+4$

2

解为 $x=2$

$$D=4^2-4\times1\times4$$
$$=16-16$$
$$=0$$

3. 判别式 D＜0 的情况

$y=x^2-4x+5$

没有实数解

$$D=4^2-4\times1\times5$$
$$=16-20$$
$$=-4<0$$

有 4000 年历史的 二次方程

在古代美索不达米亚文明遗留下来的一块编号为"BM13901"的泥板上记载有如下一个问题:"有一个正方形,它的面积减去它的一个边长的长度之后为 870,试求此正方形的边长。"

在当时,都是这样用文字来书写方程。把这个问题改用现代的数学式表述,则是"求解方程 $x^2-x=870$"。大约 4000 年前,古代美索不达米亚人已经掌握了我们今天在数学课上学到的"求解二次方程的通解公式"(见右页)和本质上相同的计算方法。利用这个公式,得到

$$x = \frac{-(-1) \pm \sqrt{(-1)^2 - 4 \times 1 \times (-870)}}{2 \times 1}$$

$$= \frac{1}{2} \pm \frac{\sqrt{1 + 4 \times 870}}{2}$$

$$= \frac{1}{2} \pm \sqrt{\frac{1}{4} + 870}$$

$$= 0.5 \pm \sqrt{870.25} = 0.5 \pm 29.5$$

正方形的面积必然是正数,于是得到正确解 $x = 30$。

古代美索不达米亚人求解二次方程的方法

美索不达米亚人利用下述关系来求出周长同一个正方形一样的长方形的面积(见右页图)。

"边长为 A 的正方形的面积为 A^2,周长不变,横边增加长度 B 的正方形的面积为 $(A+B)(A-B)$。原来的正方形面积同这个长方形面积相比,要大一个边长为 B 的正方形的面积 B^2"。　①

知道了这个事实,就不难求解二次方程 $x^2-x=870$。改写方程左端,$x^2-x=x(x-1)$。这里 $x(x-1)$ 相当于"长边为 x、短边为 $x-1$ 的一个长方形的面积",而且这个长方形的面积等于 870。这是关键。同时,参照右页图的左图,相当于 $A+B=x$,$A-B=x-1$,

得出 $A=x-0.5$,这样,我们就可以把这个长方形看成是"将一个边长为 $x-0.5$ 的正方形拉长变形,保持周长不变,而横向增加了长度 0.5 的一个长方形。"于是,利用上述关系①,得到结论:

"边长为 $x-0.5$ 的一个正方形的面积 $(x-0.5)^2$ 同上述长方形的面积 870 相比,仅大一个 0.5^2 的数值"。

用数学式写出,这就是 $(x-0.5)^2=870+0.5^2$。等式两端取正平方根,有 $x-0.5=\sqrt{870.25}$。移项后得到 $x=0.5+\sqrt{870.25}$。若知道 $\sqrt{870.25}=29.5$(可以用"九九表"一类乘法表试乘验证),最后得到 $x=0.5+29.5=30$。这里进行的计算同我们在学校里学到的"求解二次方程的通解公式",在本质上是一样的。　🍎

泥板上书写的"二次方程"

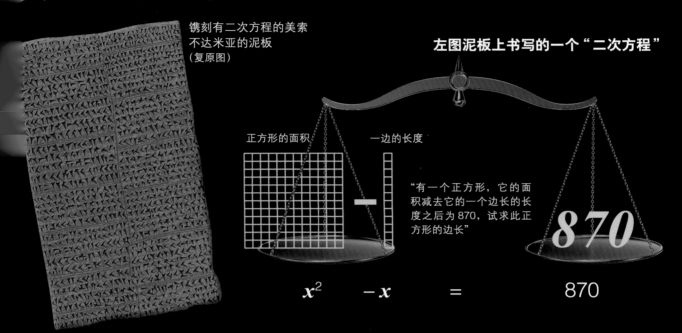

镌刻有二次方程的美索
不达米亚的泥板
(复原图)

左图泥板上书写的一个"二次方程"

正方形的面积   一边的长度

"有一个正方形,它的面
积减去它的一个边长的长
度之后为870,试求此正方
形的边长"

870

$$x^2 \quad -x \quad = \quad 870$$

求解二次方程的公式

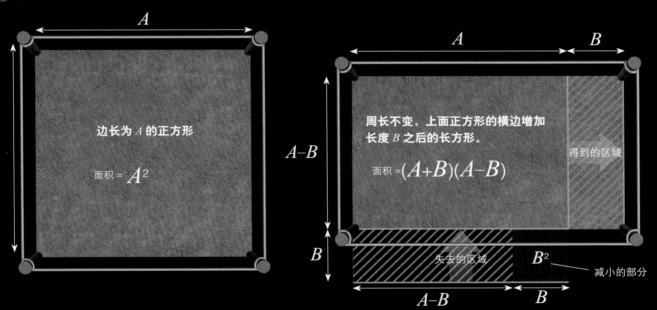

边长为 A 的正方形

面积 = A^2

$A-B$

周长不变,上面正方形的横边增加
长度 B 之后的长方形。

面积 $=(A+B)(A-B)$

得到的区域

B

失去的区域 B^2 减小的部分

$A-B$ B

保持周长不变,将正方形变形为长方形,新增加区域(布满红斜线的区域)的面积必定
要小于失去区域的面积。边长为 A 的正方形同此正方形经过横向伸长 B 和纵向压缩 B 变
形后得到的长方形相比,存在着如下关系。

同正方形面积 A^2 比较,
长方形面积 $(A+B)(A-B)$ 减小了 B^2

用二次方程的解法公式
解卡尔达诺的问题

⊙ 问题

利用"求解二次方程的公式"的解题方法
试求相加等于 10、
相乘等于 40 的两个数。

⊙ 求解

$$A + B = 10 \quad \cdots ①$$

$$A \times B = 40 \quad \cdots ②$$

这里有两个未知数，无法求解，需要先从式子②中消去 B。
将式子①改写为 $B = 10-A$，代入式②，消去 B，得到一个只有一个未知数 A 的二次方程。

$$A \times (10-A) = 40$$

解开括号，得

$$A \times 10 - A \times A = 40$$

为了便于利用求解二次方程的公式，将上式改写为二次方程标准形式 "$aA^2 + bA + c = 0$"，即

$$-A^2 + 10A - 40 = 0$$

利用求解公式求解→更详细的说明

$$A = 5 \pm \sqrt{-15}$$

$A = 5 + \sqrt{-15}$时，由①得$B = 5 - \sqrt{-15}$

$A = 5 - \sqrt{-15}$时，由①得$B = 5 + \sqrt{-15}$

于是，所求的两个数是$5 + \sqrt{-15}$和$5 - \sqrt{-15}$。

▷ 答案

两个数是 $\quad 5 + \sqrt{-15} \quad$ 和 $\quad 5 - \sqrt{-15}$

更详细的说明	如何利用"求解二次方程的公式"？

这里利用前面给出的"求解二次方程的公式"来求解二次方程 $-A^2 + 10A - 40 = 0$。分别将 $a = -1$，$b = 10$，$c = -40$ 代入公式，通过如下计算就可求得卡尔达诺问题的解：

$$A = \frac{-b \pm \sqrt{b^2 - 4ac}}{2a}$$

$$= \frac{-10 \pm \sqrt{10^2 - 4(-1) \times (-40)}}{2 \times (-1)}$$

$$= \frac{-10 \pm \sqrt{100 - 160}}{-2} = \frac{-10 \pm \sqrt{-60}}{-2}$$

$$= \frac{-10 \pm \sqrt{4 \times (-15)}}{-2} = 5 \pm \sqrt{-15}$$

虚数诞生的契机是
16 世纪的"数学对决"

卡尔达诺时代的数学家流行在公开场合互相出题一决胜负的"数学对决"。其实虚数的诞生与数学对决中"三次方程式"的问题有着紧密的关系。

三次方程式，是包含未知数 x 的立方的式子，如 $x^3-15x-4=0$。满足这个方程式的未知数 x 有几个，可以得到这个答案（解）的公式被称为"解法公式"。

卡尔达诺研究了同时代意大利数学家尼科洛·丰坦纳（别名

塔尔塔利亚（尼科洛·丰坦纳）
(1499~1557)

儿时的塔尔塔利亚曾卷入战争，被士兵伤到了下巴，从那之后留下说话困难的后遗症，因此被叫作"塔尔塔利亚"（口吃的意思），他自己也以此自称。因为贫穷所以没有上学，只能自己独立学习数学。

塔尔塔利亚修改了欧几里得的《几何原本》的拉丁语译本中包含的数学误译，是在当时拥有众多成绩的一流数学家。塔尔塔利亚在物理学方面的研究对后来的伽利略造成重要影响。

米兰
布雷西亚
威尼斯
博洛尼亚

塔尔塔利亚，1499～1557）发现的三次方程式的解法公式，在《大衍术》中进行了介绍。因此，塔尔塔利亚所发现的三次方程式的解法公式，被称为"卡尔达诺公式"（详见下页）。

塔尔塔利亚和菲奥利

塔尔塔利亚出生于意大利北部的布雷西亚，1534年，为求声誉而前往水城威尼斯。翌年，向塔尔塔利亚发出数学对决的是博洛尼亚大学的数学教授希皮奥内·德尔·费罗（1456？～1526）的学生，安东尼奥·菲奥利。

菲奥利更有胜算。当时，大家都认为三次方程式不存在解法公式。但是，其老师德尔·费罗悄悄发现并传授给了菲奥利。菲奥利把当时认为只有他知道的三次方程式列了30问，"抛"给塔尔塔利亚。比如，"商人以500达卡（达卡是当时威尼斯通用的货币）卖出蓝宝石。采购价正好等于利润的三次方。求利润为多少"。这个问题可以写作"$x^3+x=500$"。

然而，对决的结果是30：0，塔尔塔利亚完胜。其实，塔尔塔利亚已经靠自己的能力编写出了比德尔·费罗更为好用的三次

⊙ 塔尔塔利亚在数学对决中解决问题的案例

问题：商人以520达卡※卖出蓝宝石，进价正好等于利润的三次方，求利润有多少？

威尼斯的达卡金币

蓝宝石

※：实际在塔尔塔利亚解的问题中，卖价并非520而是500。这个情况下的解不是整数。

解法：

设利润为 x，则进价为 x^3。相加为售价，也就是等于520。转化为式子的话，可以得到以下三次方程式。

$$x^3+x=520$$

两边减去520，可得

$$x^3+x-520=0$$

将 $p=1$，$q=-520$ 代入三次方程式的解法公式（详见下页），求得如下解。

$$x=\sqrt[3]{260+\sqrt{\frac{1825201}{27}}}+\sqrt[3]{260-\sqrt{\frac{1825201}{27}}}$$

上式笔算困难，但如果使用可以进行三次方根计算的计算器，可以进行以下计算。

$$x=(8.041451884\cdots)+(-0.041451884\cdots)=8$$

$x=8$ 确实满足原方程式，所以这就是解。

答案：利润为8达卡（进价为 $8^3=512$ 达卡）。

方程式的解法公式。

塔尔塔利亚与《大衍术》

塔尔塔利亚没有把自己发现的三次方程式的解法教给任何人。发明虚数的卡尔达诺听到塔尔塔利亚的传闻，便多次请求塔尔塔利亚教授三次方程式的解法公式。盛情难却的塔尔塔利亚以不能告诉任何人作为条件，终于把公式（准确的说是显示推导公式顺序的如诗一样的内容）教给了卡尔达诺。

但是，塔尔塔利亚在1545年看到卡尔达诺的书籍《大衍术》而震怒。本约定应保密的三次方程式的解法公式被公开地写出来。

但卡尔达诺说记载在书中的并非是塔尔塔利亚原本的式子，而是更便于利用的改良式子。并且，卡尔达诺在书中明确表示了塔尔塔利亚发明的部分。

尝试使用虚数的男子邦贝利

使用卡尔达诺的公式，根据问题（方程式）中的计算，出现了虚数。三次方程式至少拥有1个实数解，对拥有2个以上实数

⊙ **卡尔达诺公式（三次方程式的解法公式）**

三次方程式

$$x^3 + px + q = 0$$

的解，可以通过下式求得。

$$x = \sqrt[3]{-\frac{q}{2} + \sqrt{\left(\frac{q}{2}\right)^2 + \left(\frac{p}{3}\right)^3}} + \sqrt[3]{-\frac{q}{2} - \sqrt{\left(\frac{q}{2}\right)^2 + \left(\frac{p}{3}\right)^3}}$$

根据不同的 p 和 q 的值，上式中的着色部分为虚数，无法进行计算。

解的三次方程，使用卡尔达诺的公式来解的话，三次方根中的平方根（左页图中着色的部分）就是虚数。

比如，对三次方程式 $x^3-15x-4=0$ 的解使用卡尔达诺公式，则得到 $x=\sqrt[3]{2+11\sqrt{-1}}+\sqrt[3]{2-11\sqrt{-1}}$。$\sqrt{-1}$ 也就是虚数出现了。$\sqrt[3]{}$ 是表示三次方根（三次方后为符号中的数的数）的符号。

但是，实际上这个三次方程式，拥有 4、$-2+\sqrt{3}$、$-2-\sqrt{3}$ 这 3 个实数解。尽管如此，但使用卡尔达诺公式会出现虚数，计算反而无法进行了。

对出现在卡尔达诺公式中的"负的平方根"进行进一步研究的是意大利数学家拉斐尔·邦贝利（1526～1572）。邦贝利注意到 $2+\sqrt{-1}$ 立方后得 $2+11\sqrt{-1}$，而 $2-\sqrt{-1}$ 立方后得 $2-11\sqrt{-1}$。这意味着可以去掉之前的解中包含的三次方根，从而 $x=2+\sqrt{-1}+2-\sqrt{-1}=4$。

因此，邦贝利把解中包含的虚数根据不同情况完美地消除了，从而只得出实数的解。也就是有些三次方程式中，利用虚数，可以推导出实数解。🍎

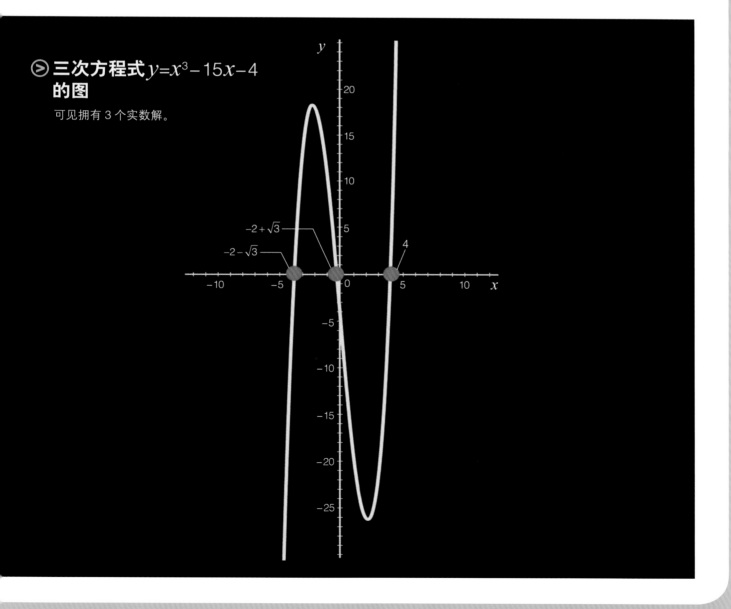

❯ 三次方程式 $y=x^3-15x-4$ 的图

可见拥有 3 个实数解。

爱好赌博而推动概率论发展的卡尔达诺

1501年，母亲在意大利的帕维亚生下私生子卡尔达诺。虽是私生子，但他的母亲只是因为传染病和未婚夫一时离散，在那之后还是与卡尔达诺的父亲结婚了。

卡尔达诺的父亲是意大利米兰有名的律师，也是拥有几何学等数学素养的学者，达芬奇的朋友。卡尔达诺从父亲那里学习了数学和语言学。

1524年，卡尔达诺在帕维亚大学获得医学学位。他的父亲认为律师是最为高贵、富有且拥有权力的职业，可以为家族获得声誉，因此得知卡尔达诺无法继承自己的职业时，他悲伤流泪。

即使如此，作为医生的卡尔达诺由于私生子的身份，而无法加入米兰医师学会。但是，渐渐作为医生获得声望后，被认同加入米兰医师学会。卡尔达诺还是斑疹伤寒的发现者。

卡尔达诺不仅对医学、天文学、物理学和数学等众多领域抱有兴趣，对于占星术和赌博也有涉猎。暂且不论赌博，占星术是当时医学的一个分支，因此也不能说卡尔达诺不严谨。他是典型的文艺复兴时期的"全能选手"。

卡尔达诺死在自己预言的日子

卡尔达诺作为学者最有名的成绩是在著作《大衍术》中介绍三次方程式的解法公式，开始引入虚数的概念（参考第50~51页、64页）。

喜爱赌博的卡尔达诺，也著有与此相关的《论赌博游戏》（在他死后才发表）。在书中，卡尔达诺解决了如下问题。

同时掷两个骰子，赌点数之和是多少。赌点数之和为多少是最有利的？

两个骰子的点数都是1、2、3、4、5、6中的一个。因此，两个骰子的点数组合，总共有6×6=36种。在这36种组合之中，两个骰子点数和为2仅有2个骰子都为1点的这种情况。也就是，两个骰子的点数之和为2的组合只有1种。

同样当两个骰子的点数之和为3、4、5、6、7、8、9、10、11、12时，分别有2、3、4、5、6、5、4、3、2、1种组合。也就是，骰子点数之和为7时，组合（6种）最多。因此，赌点数之和为7最有利。

留下这样概率论的先驱性工作的卡尔达诺，虽然喜欢赌博，但似乎觉察到"赌博是赚不了钱的"。因为他留下了"对于赌徒而言，完全不赌博可以得到最大收益"的说法。

但是，卡尔达诺由于赌博毁了自己，因为用占星术推算耶稣而被投入狱中。最后预言了自己的死期，为了证明正确性而绝食，在他预言之日死去。

吉罗拉莫·卡尔达诺
(1501～1576)

Q1 复平面为什么又叫作"高斯平面"?

Q 复平面也叫作"高斯平面"。根据第54页的内容，卡斯帕尔·韦塞尔和罗贝尔·阿尔冈也在同时期推导出复平面的想法，为什么没有像高斯一样被冠名呢？

A 历史上，最早发表复平面想法的是当时位于丹麦统治下的生于挪威的测绘师卡斯帕尔·韦塞尔（1745～1818）。由于虚数和复数对于测绘师的工作有帮助，韦塞尔一直进行着独立的研究。

他摸索出把肉眼可见的图用来表现虚数的方法，也就是今天所说的复平面的想法。韦塞尔把这个想法整理成题为《方程式的解析表示》，发表于1799年。在此两年前的1797年，相似内容在丹麦科学院发表。

然而这些发表内容都是使用丹麦语。在当时的欧洲，丹麦语所书写的文献并没有被广泛阅读。因此，韦塞尔好不容易发表复平面的想法并没有在社会上被广泛认知，而在历史中埋没了长达100年之久。

再见天日时，已是韦塞尔死后的1899年。这篇论文被翻译成法语时，复平面已经作为法国数学家让-罗贝尔·阿尔冈（1768～1822）和可称为19世纪最伟大的德国数学家卡尔·弗里德里希·高斯（1777～1855）的发现而广为人知。

特别是高斯，有很大可能性比韦塞尔更早地想到复平面的设计。在韦塞尔发表记载复平面想法论文的前一年（1796年），高斯有了某个重要发现，那就是"可以仅依靠尺规作正十七边形"（详见第84页、113页）。

为了作正十七边形，不得不使用复数和复平面。这个事实可以说至少在1796年的时候，高斯已经有了复平面的设想。按照这个情况来看，复平面又被称为"高斯平面"也就可以理解了。🍎

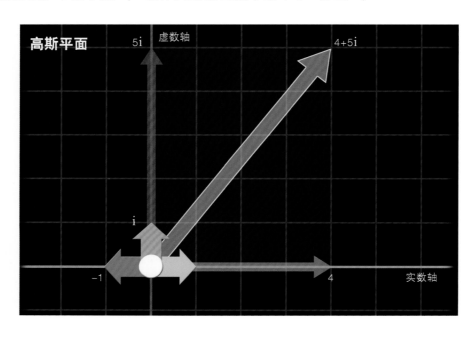

高斯平面

5i　虚数轴

4+5i

i

−1

4　实数轴

Q2 虚数有大小吗？

Q 第 54～55 页介绍了"虚数的数直线"。在实数的数直线上，越往右数字越大，这样很容易比较数字的大小。那么，在虚数的数直线上，是越往上的数越大吗？

（提问来自日本富山县南砺市，N.M. 先生 / 女士）

A 当东边有终点时，"向东前进 1 步"和"向东前进 −1 步（= 向西前进 1 步）"，哪一个更有利？答案是前者更有利。这样想的话，就可以确定 +1 比 −1 大。

那么，当东边有终点时，"向东前进 i 步（= 向北前进 1 步）"和"向东前进 −i 步（= 向南前进 1 步）"，哪一个更有利？此时，哪一个都不能说是有利或不利，没办法比较。我们就可以知道"i 和 −i 无法比较大小"。因此，虚轴上的数，也就是虚数，是无法区分大小的。

实际上，现在已经证明了所有的复数之间要确定一般的大小关系是不可能的。根据不同情况，虽然比较复数的绝对值大小和实数部分（或虚数部分）的大小，但这不能成为一般的大小关系。🍎

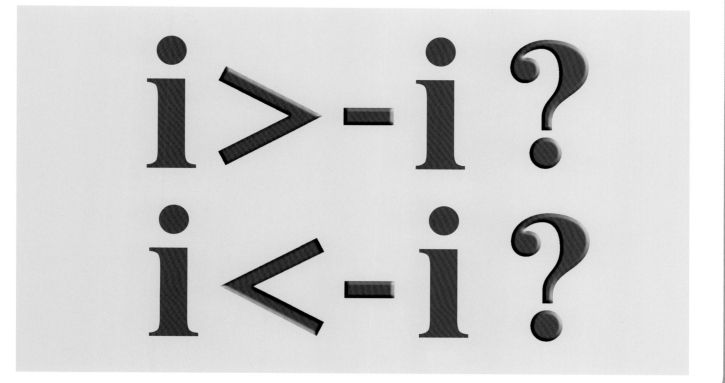

3

虚数和复数

人类不停创造出新的数来扩展数的世界，终于发现了由虚数和实数合起来构成的"复数"世界。在数学和物理学里，使用虚数和复数的计算起到了很重要的作用。在第三章里，我们先来学习一下虚数和复数的具体计算方法，然后再对虚数和复数所在的深奥的数学世界进行探索吧。

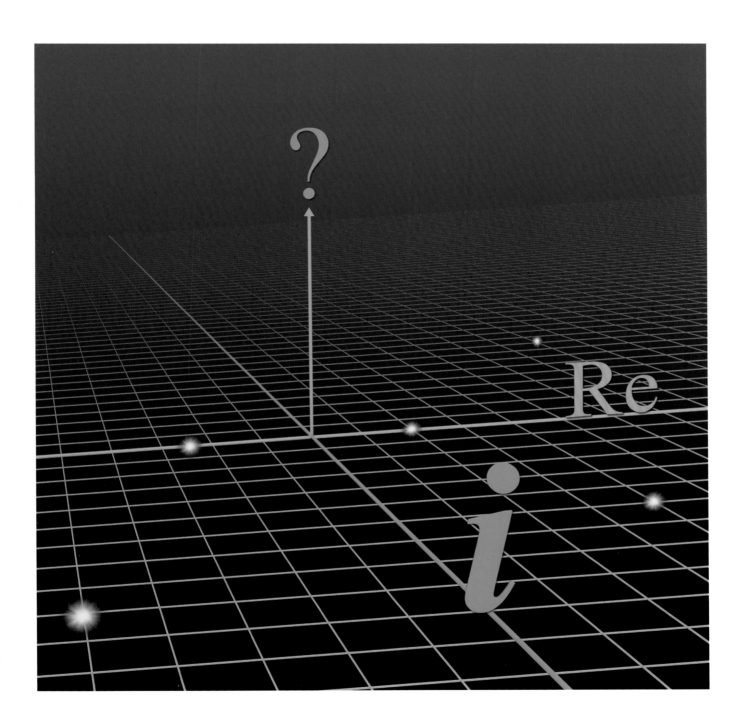

在平面上如何表示复数？
复数的"绝对值"是什么？

由实数和虚数合起来的复数，可以用复平面上的点来表示。我们来看看具体的表示方法。

复数是由实数 a（实部）和实数 b（虚部）像这样用"$a+bi$"的形式来表示的。实部是 5、虚部是 4 的复数是"5+4i"。右边的示意图展示了 5+4i 在复平面上的位置。

在本书里，我们一直把虚数叫作"平方后结果是负数的数"，但在高中课本里，也会把虚部不是 0 的所有复数（如 5+4i）统称为虚数。其中，又会把实部是 0 的虚数（如 4i）称为纯虚数。

▎复数 5+4i 的绝对值是？

对于实数来说，"绝对值"的定义就是在数的直线上的位置与原点之间的距离。同样地，复数 $a+bi$ 的绝对值也被定义为其在复平面上的位置到原点的距离。根据勾股定理，$a+bi$ 的绝对值是 $\sqrt{(a^2+b^2)}$。例如，5+4i 的绝对值就是 $\sqrt{(5^2+4^2)} = \sqrt{41}$。

5+4i 在复平面上的何处？

示意图展示了复数 5+4i 在复平面上的位置。从原点（实数的 0）开始出发，沿着横轴（实数轴）的正方向前进 5，再沿着纵轴（虚数轴）的正方向前进 4 到达的点，就是 5+4i。从原点到这个点的距离（黄色箭头的长度）就是下面的式子所求的"绝对值"的大小。另外，黄色箭头与实数轴（正方向）所夹的角叫作"辐角"（逆时针方向的角度为正）。

把复数记作 z，用实数 a 和实数 b 及虚数单位 i 就可以表示成

$$z = a + bi$$

另外，
它的绝对值写作 |z|，
可以表示成

$$|z| = \sqrt{(a^2 + b^2)}$$

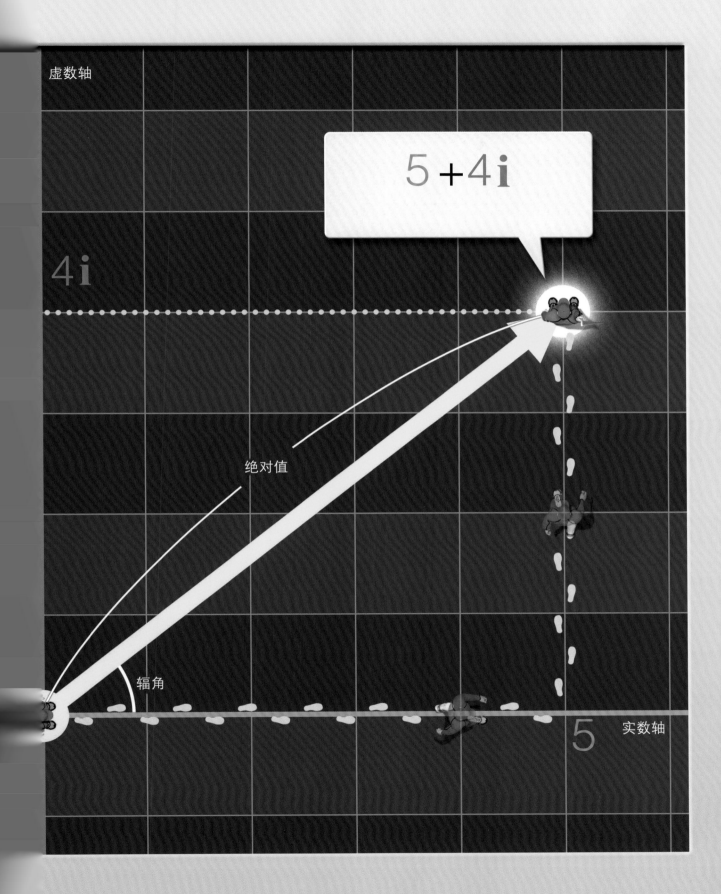

复数的加法和减法就是在平面上平行移动

在 对复数进行加法或减法计算时，实部的部分与虚部的部分是分开进行的。$a+bi$ 和 $c+di$ 两个复数进行加法时，

$$(a+bi)+(c+di)$$
$$=(a+c)+(b+d)i$$

进行减法时，

$$(a+bi)-(c+di)$$
$$=(a-c)+(b-d)i$$

复数的加法，就是把箭头连接起来

在复平面上该如何表示加法运算呢？实际上，复数的加法可以考虑成"在复平面上把两个箭头连接起来的操作"。

例如，复数 1+4i 和复数 3+i 相加（如右示意图）。在复平面上表示，就是把"表示 3+i 的箭头"（粉色）平移到"表示 1+4i 的箭头"（蓝色）的终点并连接起来。连接后新的终点所表示的复数就是加法的答案。从示意图可以看出，终点表示的就是 4+5i。

那么，复数的减法呢？

复数的减法该如何在复平面上表示呢？例如，从复数 1+4i 减去复数 3+i 的计算，把它在复平面上表示出来的话，首先要考虑如何在复平面上表示 −(3+i)。它和"表示 3+i 的箭头"（粉色）方向相反。

然后再把"表示 −(3+i) 的箭头"平移到"表示 1+4i 的箭头"的终点上连接起来，连接后新的终点所表示的复数就是减法的答案。从示意图可以看出，终点表示的就是 −2+3i。

也可以按照以下方式，考虑从"表示 3+i 的箭头"的终点向"表示 1+4i 的箭头"的终点延伸的箭头（绿）。把这个箭头平行移动，将起始点置于原点，其终点便是减法的答案。

我们来试试 1+4i 和 3+i 的加法计算吧

示意图展示了如何在复平面上表示 1+4i 和 3+i 的加法计算。把表示两个复数的箭头连接起来就可以知道加法计算的答案是 4+5i 了。

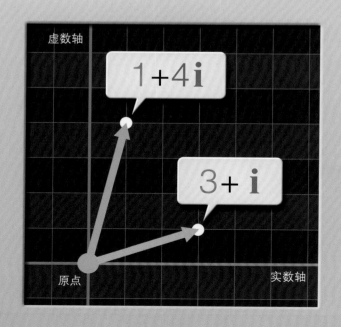

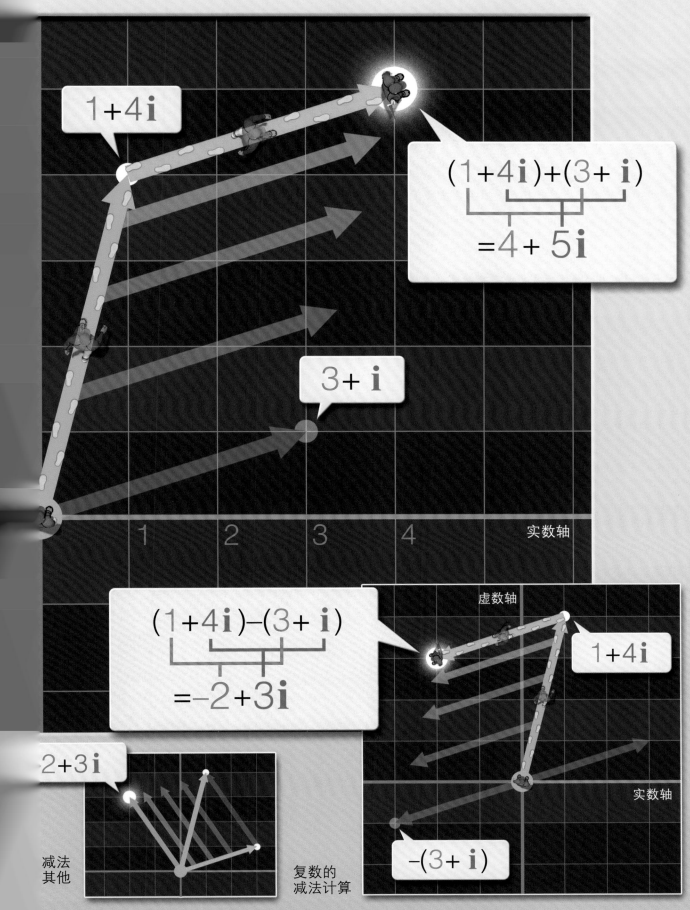

如果使用箭头就可以很简单地想象 i 的乘法计算了

虚数单位 i，平方后的结果等于 -1（$i^2=-1$）。所以用 i 相乘 4 次，也就是 i 的四次方结果是 1（$i^4=(i^2)^2=(-1)^2=1$）。我们在复平面上看看这个运算的意义。

在复平面上，用 i 去乘以 $+1$（实部是 1，虚部是 0），结果会得到 $+i$（实部是 0，虚部是 1）。这和以原点为中心、逆时针旋转 90°是一样的效果。接着再用 i 去乘以 $+i$，会得到 -1（实部是 -1，虚部是 0）。这和以原点为中心、逆时针再旋转 90°（合计 180°）是一样的结果。

第 16 页介绍了乘以 -1 的计算，相当于在数的直线上把表示原来的数的箭头反转 180°。而乘以 -1 等同于乘以了两次 i，逆时针旋转的角度也是完全一致的。

乘以 i 就是旋转 90°，乘以 4 次 i 就能回到原处

继续看，对 -1 乘以 i 后得到 $-i$（实部是 0，虚部是 -1）。这相当于以原点为中心继续逆时针旋转 90°（合计 270°）。最后，再对 $-i$ 乘以 i，会得到 $+1$（实部是 1，虚部是 0），又继续逆时针旋转了 90°，回到了原来的位置。

从上面的推论可以看出，某个数乘以 i 的计算，在复平面上表示就是把表示此数的箭头以原点为中心逆时针旋转 90°，连乘 4 次 i，相当于旋转了 360°又会回到原来的位置。像这样的循环，是虚数单位 i 的乘法计算所特有的性质。

虚数单位 i 的乘法计算在复平面上如何表示?

本页的小图示意了 1 乘以虚数单位 i 的乘法计算，相当于逆时针旋转 90°而得到 i。右页的大图示意了 1 连乘 4 次 i 的乘法计算，相当于逆时针旋转 360°回到原处。

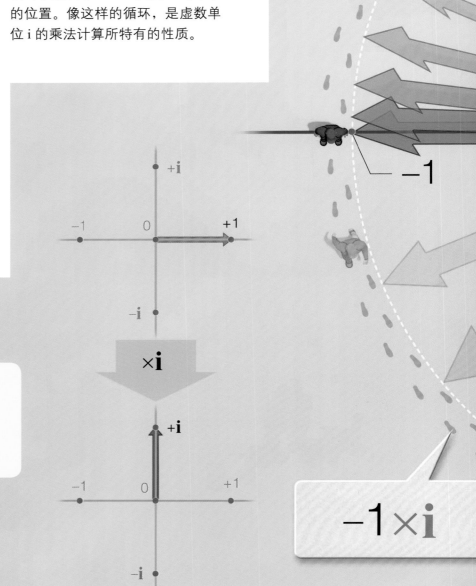

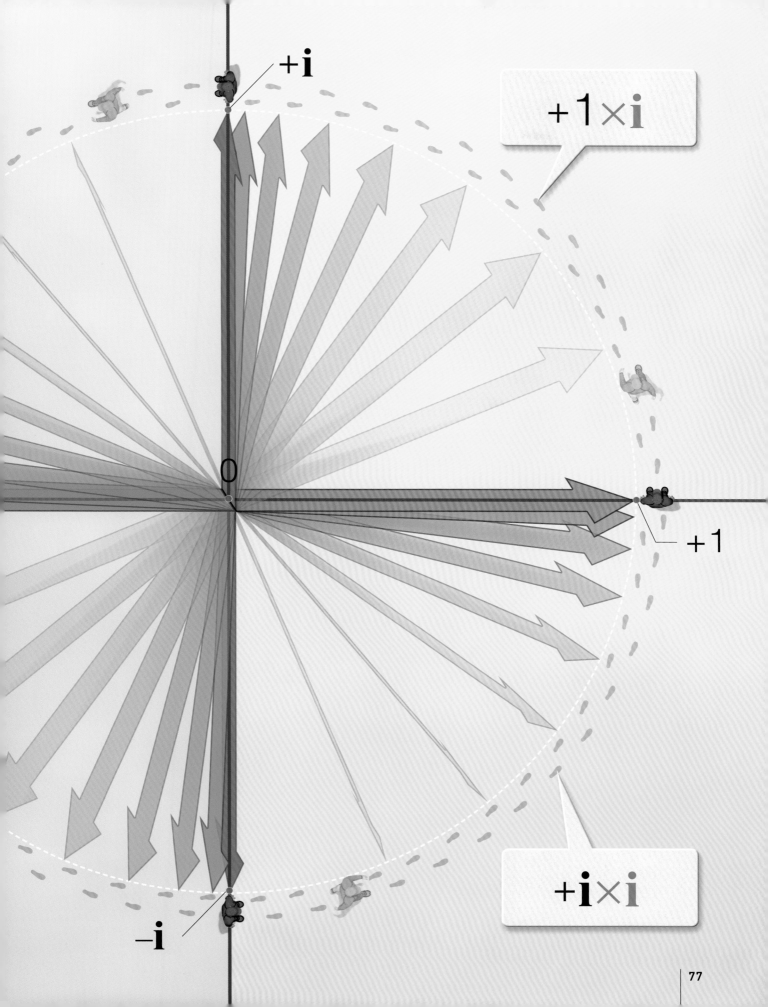

复数的乘法计算②

复数的乘法计算，相当于在复平面上进行"旋转和放大"

我们已经知道，虚数单位 i 的乘法计算是在复平面上进行逆时针旋转 90°的操作。那么复数 $a+bi$ 的乘法计算，在复平面上又是如何体现的呢？

让我们来看看用 1+4i 去乘以 1+i 的计算。此计算的式子如下。

$(1+i) \times (1+4i)$
$=1 \times (1+4i)+i \times (1+4i)$
$=1+4i+i-4=-3+5i$

这个乘法计算在复平面上可以用右边示意图来表示。复数 1+i 正好是画有羊的小正方形（边长为 1）的一个顶点。乘以 1+4i 之后的结果是 −3+5i，正好是原来的小正方形以原点为中心旋转和放大后得到的大正方形（边长为 1+4i 的绝对值）的一个顶点。

其实，乘以复数 $a+bi$ 的乘法，可以对应在复平面上旋转、放大。旋转的角度与复数 $a+bi$ 的辐角相一致。而放大的程度（放大率）则与 $a+bi$ 的绝对值一致。绝对值比 1 大则放大，比 1 小则缩小。

那么，复数的除法计算呢？

复数的除法运算可以看成是乘法运算的逆运算。具体来说，除法中的旋转方向与乘法相反（辐角乘以 −1 的角度），再按照复数的绝对值作为缩小率去缩小即可。

大正方形
（边长为 1+4i 的绝对值）

把复数的乘法计算放到复平面来看会如何？

右边的图示意了画有羊的小正方形（边长为 1）和把它旋转和放大后得到的大正方形（边长为 1+4i 的绝对值）。这就是乘以复数 1+4i 的计算在复平面上的表示。在小正方形上的任意一点（复数），乘以 1+4i 后，都会对应到旋转和放大后的大正方形上的一点。

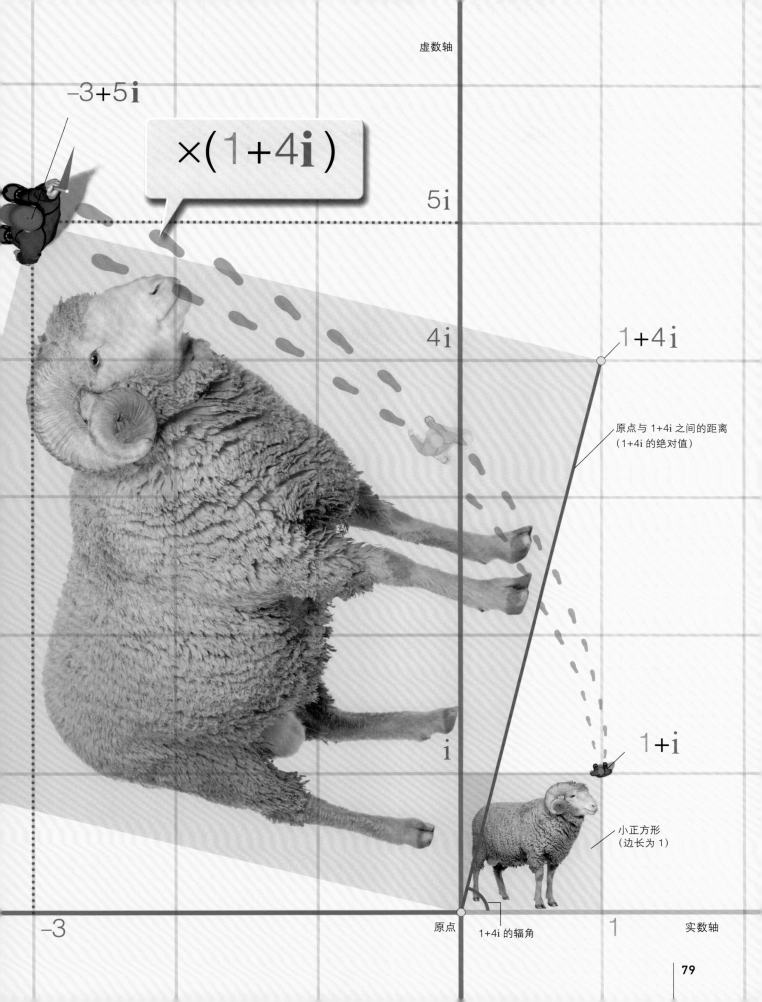

虚数轴

−3+5**i**

×(1+4**i**)

5i

4i

1+4**i**

原点与 1+4i 之间的距离
（1+4i 的绝对值）

i

1+i

小正方形
（边长为 1）

−3

原点

1+4i 的辐角

1

实数轴

荒岛上的宝藏埋在何处?

这 里介绍的是一个可以利用复平面的性质求得答案的"寻宝"问题。问题十分奇特,选自大爆炸宇宙论的创始人之一的乔治·伽莫夫(1904~1968)所写的一本科普书《从一到无穷大》(有中译本,暴永宁译,科学出版社出版),生动地说明了复数计算的重要性。

请读者拿出纸和笔,最好自己尝试着解答本页提出的这个有趣的问题。正确解答见右页。

※:这个问题即使不使用复平面和虚数,只是使用通常只有实数的 xy 平面也可以解决。但伽莫夫介绍了把这个问题中"旋转90度"这一操作转化为"虚数 i(或是 –i)的乘法"的方法。给人以复数 i 的乘法,对应"复平面上旋转90度"的印象。

伽莫夫问题

在一个无人居住的荒岛上埋藏有非常值钱的财宝。有一页留传下来的古老文字,关于埋藏地点是这样记述的:

> 岛上有一个绞死叛徒的绞刑架,还有一棵柞树和一棵松树。
>
> 先站在绞刑架前,向柞树走去,记下走到柞树跟前的步数。然后向右拐直角弯,走同样的步数,在那里打下第一根桩。
>
> 回到绞刑架,这次向松树走去,记下走到松树跟前的步数。然后向左拐直角弯,走同样的步数,在那里打下第二根桩。
>
> 财宝就埋藏在第一根桩和第二根桩之间的中点处。

有个年轻人意外地得到了这页文字,他到岛上去挖宝。柞树和松树还在,但没有见到最关键的绞刑架。大概是因为年代太久,腐朽消失了。年轻人只好到处乱挖,始终未能找到宝藏,最后垂头丧气地离开了小岛。

其实,这个年轻人如果懂得虚数的话,即使不知道绞刑架的位置,他也是有办法找到宝藏的。

乔治·伽莫夫

(1904 ~ 1968)

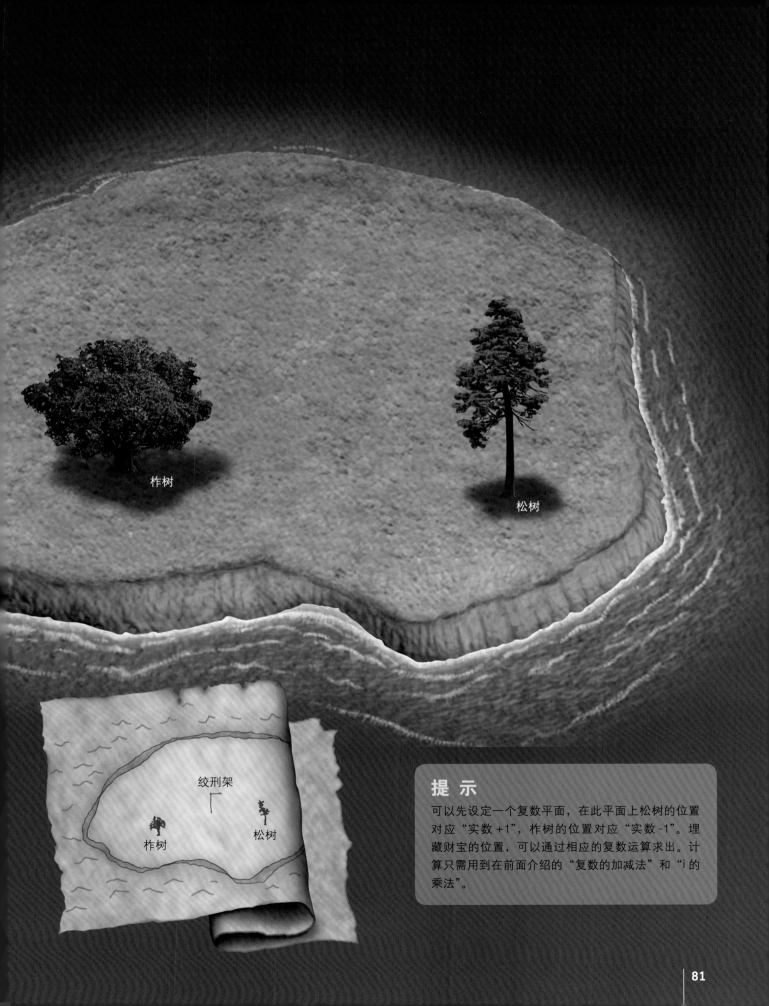

柞树

松树

绞刑架

柞树

松树

提 示

可以先设定一个复数平面，在此平面上松树的位置对应"实数 +1"，柞树的位置对应"实数 -1"。埋藏财宝的位置，可以通过相应的复数运算求出。计算只需用到在前面介绍的"复数的加减法"和"i 的乘法"。

"伽莫夫问题的答案"
——用复平面推导答案

古书

在岛上有为了处刑背叛者的绞刑架和 1 棵
柞树、1 棵松树。

首先站在绞架前，边数步数，边直直地向
着柞树走去。一旦碰到柞树，就立刻向右直角
转弯，走相同的步数，在那里打第一个桩。

回到绞刑架，这一次边数着步数，边向松
树走去。一旦碰到松树，向左直角转弯，走相
同步数后打下第二个桩。宝藏埋在第一个桩和
第二桩的中间位置。

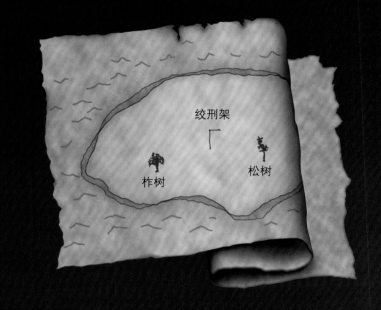

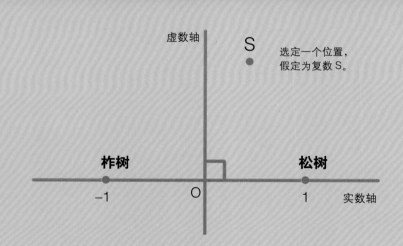

1. 设定复平面

按照如下顺序设定用作求解问题平台的复平面：

①通过柞树和松树画一条直线，作为实数轴。

②取柞树和松树之间的中点，作为复平面的原点。

通过原点画一条垂直于实数轴的直线，作为虚数轴。

③设松树的坐标为实数 +1，柞树的坐标为实数 −1。

④不知道起始点（绞刑架）的位置，但它肯定是在此复平面上的某处，暂且假定是复数 S。

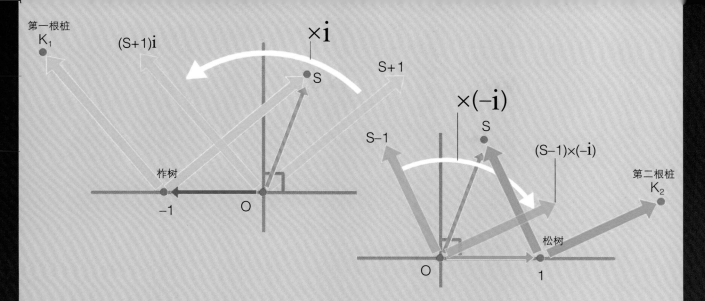

2. 用复数表示打桩的位置

用复数 K_1 来表示第一个桩，复数 K_2 来表示第二个桩。

① K_1 位于"从柞树指向 S 的箭头"以柞树为中心逆时针旋转 90 度后的箭头的终点处。把"从柞树指向 S 的箭头"的起始点平行移动到原点，等于"S 减去 −1"，所以复数写作 S−(−1)=S+1。以原点作为中心，逆时针旋转 90 度的箭头，写作 (S+1)i。这个箭头是从柞树的位置（−1）出发，终点为 K_1，因此 K_1=−1+(S+1)i=−1+Si+i。

② K_2 的位置也可以按照这个方法求得。K_1 位于"从松树指向 S 的箭头"以松树为中心顺时针旋转 90 度后的箭头的终点处。把"从松树指向 S 的箭头"的起始点平行移动到原点，等于"S 减去 1"，因此复数写作 S−1。以原点作为中心，顺时针旋转 90 度的箭头，写作 (S−1)×(−i)。这个箭头是从松树的位置 1 出发终点为 K_2，因此 K_2=1+(S−1)×(−i)=1−Si+i。

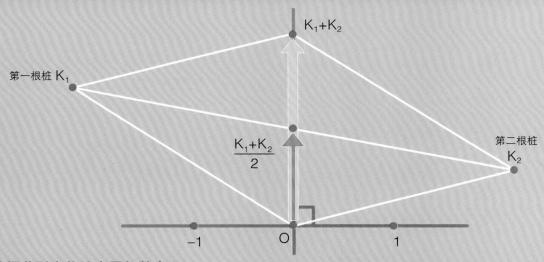

3. 将埋藏财宝物地点用复数表示

问题中说埋藏财宝的地点"在第一根桩和第二根桩之间的中点处"，用复数写出应该是 $(K_1+K_2)÷2$。已知 K_1=−1+i+iS 和 K_2=1+i−iS，得到 $(K_1+K_2)÷2$=(2i)÷2=i。也就是说，财宝埋藏在"虚数单位的位置"。那就是，先"从松树向柞树走去，走到一半即中间点位置，然后向右拐直角，再走刚才从松树走到中间点同样的步数"，在那里挖掘。在求解这个问题时，计算到最后，复数 S 被消去，这说明起始位置同财宝埋藏在什么地点没有关系。年轻人可以无论选择什么地点开始，只要按照所得到的文字说明从自己站立的位置开始走步，都能够找到财宝。

方程式 "$x^n=1$" 是可以在复平面上画出正多边形的神奇公式

虚数和复数的诞生促进了数学的进一步发展。从本文开始将会介绍一些更难的内容，去看看虚数和复数对数学发展所做的贡献。

1、i、−1、−i 这 4 个数，无论哪一个四次方后都是 1。也就是说，这 4 个数都是方程式 $x^4=1$ 的解，也被称为 "1 的四次方根"。在复平面上把表示 1、i、−1、−i 的四个点连接起来，正好能画出以这四个点为顶点的正方形（参见下面的示意图）。

实际上，这个性质对于所有的正 n 边形都成立。在复平面上以原点为中心，画一个顶点之一在 1 的位置的正 n 边形，它的各个顶点就会与 "1 的 n 次方根" 一致。也就是说，这样得到的各个顶点所表示的复数的值就是 $x^n=1$ 的解。

让年轻的高斯走上了数学研究的道路

18 世纪，有人利用这个性质颠覆了一条从古希腊以来就有的常识。这个人就是之后成为大数学家的高斯。这条自古就有的常识是 "如果只用圆规和没有刻度的尺子作图（尺规作图）去画顶点数目是素数（除了 1 和该数自身外，无法被其他自然数整除的数）的正多边形，只能画出正三边形和正五边形"。

彼时只有 18 岁的高斯想出了复平面的概念，颠覆了这个常识，证明尺规作图可以画出正 17 边形、正 257 边形，甚至是正 65537 边形。据说高斯的这个发现让他决心从此走上数学研究的道路。

代数基本定理的证明

另外，高斯还在 1799 年证明了被叫作 "代数基本定理" 的重要定理。这个定理阐述了 "任何一个 n 次方程式在复数范围上肯定有解" 的事实。在 18 世纪中期，曾有欧拉等多位数学家尝试证明此定理，但都没有成功。高斯是首次成功证明此定理的人。

复平面上绘制的正多边形对应着 $x^n=1$ 的解

图片示意了复平面上绘制的 3 种正多边形（正方形、正五边形、正十七边形）。它们都是以复平面的原点为中心，且其中一个顶点在复平面上表示 1 的位置。这些正多边形的顶点就对应着 1 的 n 次方根。

$x^4=1$ 的解
以 1 的四次方根（4个）为顶点的正方形

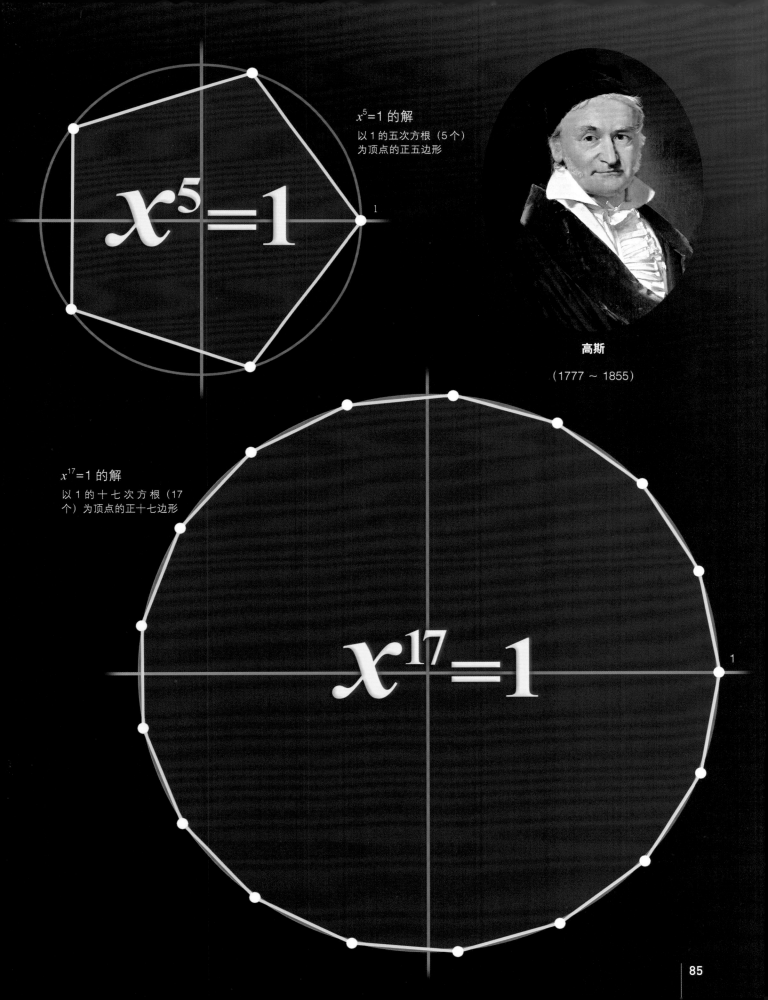

$x^5=1$ 的解
以 1 的五次方根（5 个）
为顶点的正五边形

$x^5=1$

1

高斯

（1777 ~ 1855）

$x^{17}=1$ 的解

以 1 的 十 七 次 方 根 （17
个） 为顶点的正十七边形

$x^{17}=1$

1

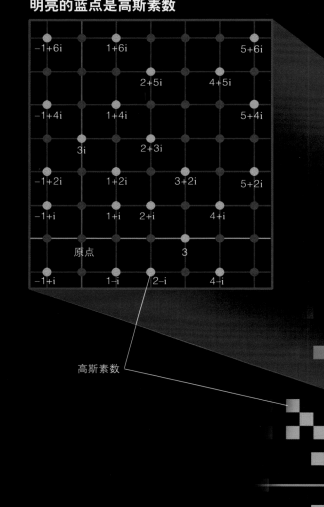

−1+6i	1+6i			5+6i
		2+5i	4+5i	
−1+4i	1+4i			5+4i
	3i	2+3i		
−1+2i	1+2i	3+2i		5+2i
−1+i	1+i	2+i	4+i	
原点		3		
−1+i	1−i	2−i	4−i	

高斯素数

素数是什么?

2 的倍数　　3 的倍数　　5 的倍数　　7 的倍数

素数是除了 1 和该数自身外，无法被其他自然数整除的数
（1 不是素数）。上图是为了有效地找出素数，古希腊学者
埃拉托色尼所发现的"埃拉托色尼筛"的示意图。

高斯和复数
②

高斯把整数和素数扩展到了复数的世界

高斯又进行了把整数和素数等概念扩展到复数世界的研究。

实部和虚部皆为整数的复数（3−2i，−5+21i 等）被称为"高斯整数"。在这之中，无法表示为高斯整数的乘积的数被称为"高斯素数"。右图中绘制的是复平面上高斯素数的分布。

比如，13 是素数，但在复数世界中，它并不是素数（高斯素数）。因为 13=(2+3i)×(2−3i)，可以用高斯整数的乘积来表示。像这样"在扩张的整数和素数"的世界中得到的定理，在实数的整数和素数中也成立。

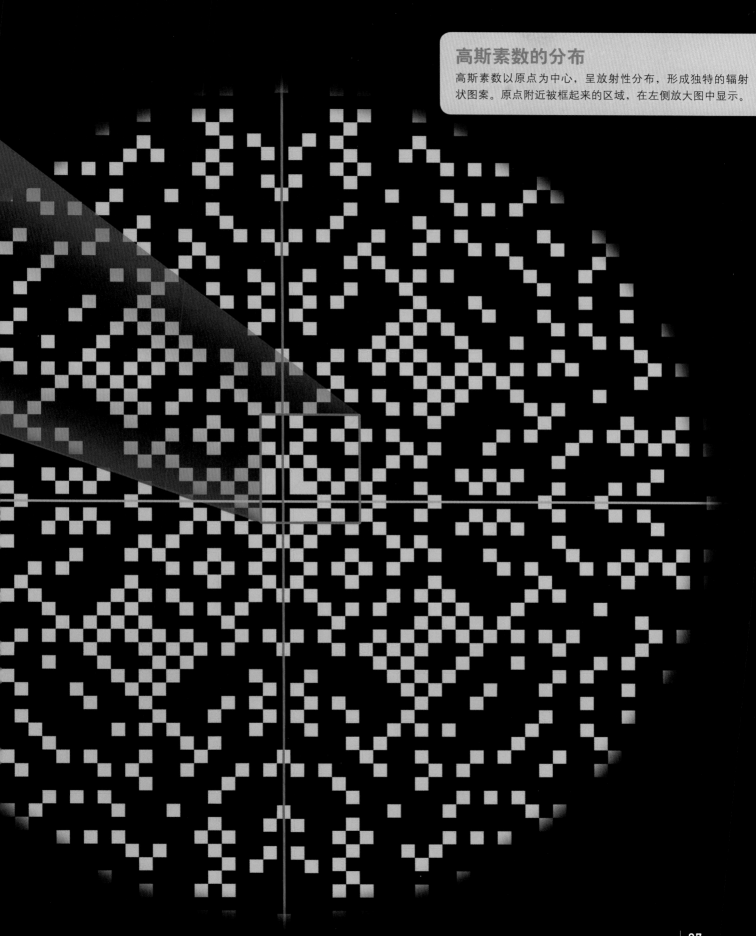

虚数是"数的扩张"之旅的终点站

数 的历史从自然数开始，加上零和负数之后形成了整数的概念，在通过整数和整数的比来定义有理数，后来又扩张到了把有理数和无理数合起来的实数。最终，在 16 世纪发现了虚数。实数和虚数合起来的数被高斯命名为复数。

实数处于数的直线上，所以只能横向地在直线上扩张。随着复数的出现，数的世界开始在平面上扩展起来。按照这样的思路，如果继续扩张，数的世界是不是应该往空间方向发展呢？

有人发明了含有 4 个元素的"超复数"

实际上，也有人思考了超越复数的数的世界，那就是爱尔兰数学家威廉·哈密顿（1805～1865）。哈密顿在复数的基础上添加了"第二种虚数"，试图创造由一个实数和两种虚数构成的新数（三元数），但耗费了超过十年的时间也没有成功。

不过，哈密顿又发现，如果在三元数的基础上再添加"第三种虚数"，就能创造出可以进行四则运算（加法、减法、乘法、除法）的新的数。这种由一个实数和三种虚数构成的新的数就是"四元数"（Quaternion）。四元数是含有 4 个基本元素的"超复数"。哈密顿非常看重四元数，其晚年都奉献给了这方面的研究。

但四元数有着与实数或复数不同的特殊性质。实数和复数在进行乘法运算时，顺序可以互换（乘法交换律）。而四元数是一种不遵循

提出了比复数更加广阔的新数的数学家

示意图展示了比在平面上扩展的复数更加广阔的新的数的世界。提出这种数的就是爱尔兰数学家威廉·哈密顿。

威廉·哈密顿

（1805～1865）

爱尔兰数学家、物理学家，16 岁开始对数学产生兴趣，年仅 22 岁就成了爱尔兰都柏林三一学院（都柏林大学）的天文学教授。他不仅对四元数有研究，还在光学领域构建了新的基础理论，并确立了被称作解析力学的物理学领域的基础。

乘法交换律的特殊的数。

现在，在粒子物理学的某些领域、火箭或人造卫星的姿态控制技术，以及游戏的三维图像里，都有四元数的身影。但是，四元数并不是求解方程式时必须要用到的数。根据前面介绍的代数基本定理可知，无论是什么方程式在复数范围内都肯定有解。从这个角度来看，四元数并不是必须存在的。所以，复数可以说是从自然数开始的"数的扩张"之旅的终点站。

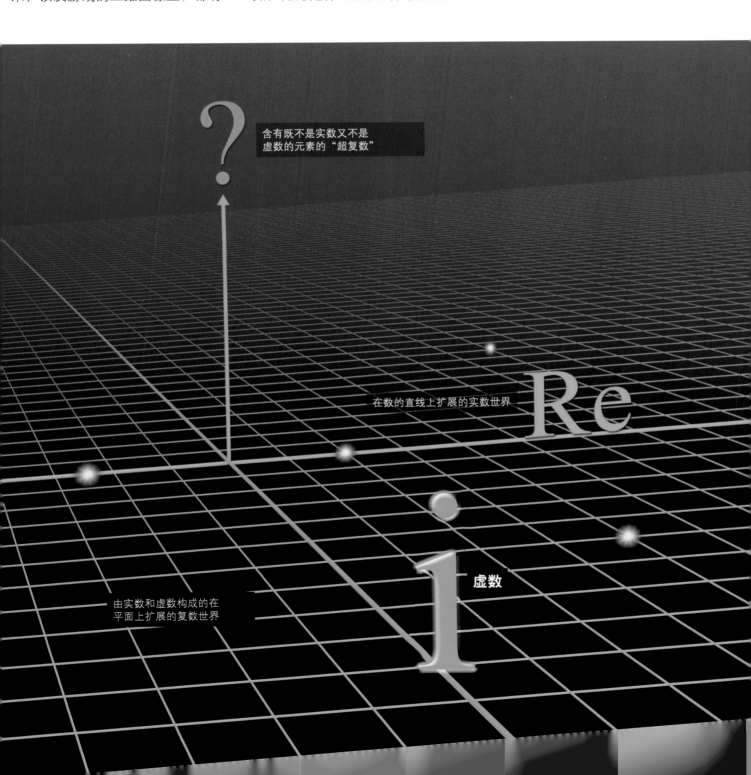

含有既不是实数又不是虚数的元素的"超复数"

在数的直线上扩展的实数世界

Re

i

虚数

由实数和虚数构成的在平面上扩展的复数世界

尝试用复平面确认 "卡尔达诺问题"

关 于卡尔达诺问题（第 48 页），让我们尝试利用复平面来确认 $5+\sqrt{-15}$ （$=5+\sqrt{15}i$）和 $5-\sqrt{-15}$ （$=5-\sqrt{15}i$）。

卡尔达诺问题是 "A 与 B 的和为 10，乘积为 40，求 A 和 B"（式子写为 $A+B=10$，$A\times B=40$，求 A 和 B）。

让我们通过计算确认一下 $A=5+\sqrt{15}i$ 和 $B=5-\sqrt{15}i$ 是否满足条件。首先，让我们来确认在复平面上 A+B 等于 10（**1**）。

复数的加法可以认为是 "复平面上两个箭头首尾相交的操作"。也就是，把 "表示 $5-\sqrt{15}i$ 的箭头" 的终点作为 "表示 $5-\sqrt{15}i$ 的箭头" 的起点即可。这样一来，就可以如 1 所示，确认 A+B 的答案为 10。

然后让我们在复平面上确认 $A\times B$ 等于 40（**2**）。

在复平面上画出表示 $5+\sqrt{15}i$ 的点 A。根据 "勾股定理"，可知绝对值（与原点的距离）为 $\sqrt{5^2+\sqrt{15}^2}=\sqrt{40}$。然后将点 A 的辐角（点 A 与原点连接的直线与实轴形成的角度）设为 θ。

另外，画出表示 $5-\sqrt{15}i$ 的点 B，绝对值和点 A 一样也是 $\sqrt{40}$。而点 B 的辐角与点 A 的大小相同，方向相反，因此算作 $-\theta$。

此时，如果要画表示 $A\times B$ 的点，绝对值等于（A 的绝对值）与（B 的绝对值）的乘积，辐角为（A 的辐角）旋转（B 的辐角），因此 $A\times B$ 的绝对值为 $\sqrt{40}\times\sqrt{40}=40$，辐角为 $\theta+(-\theta)=0$。

与原点的距离为 40，辐角（与实轴的夹角）为 0 的点只能是实数 40。这样，就可以确认 $A\times B=40$ 了。🍎

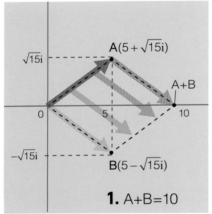

1. A+B=10

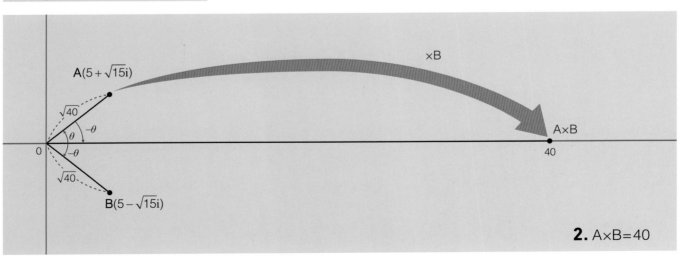

2. A×B=40

Column 14
"负数 × 负数 = 负数" 的世界存在吗？

负为什么得正？虚数正是因为这个规则而诞生的。负数乘以负数要是可以是负数的话，那"负数的平方根"就只是单纯的负数，也就不会出现虚数了。

其实，负数乘以负数也并非一定为正。数学的规则说到底不过是人们的"约定俗成"。"正负为负"的规则、"负负为正"的规则也都是"约定俗成"。

因此，创造"负负为负"的数学世界也不是不可能的。但是，在这样的世界里进行计算会非常复杂。

在这里，我们来借用以下一次方程的问题来进行思考。

$$-2x = x - 3 \quad \cdots ①$$

一般考虑，把左边的 $-2x$ 移项到右边，右边的 -3 移项到左边，就可以得到 $3 = 3x$，求得 $x = 1$。

接下来让我们设想这里"负负为负"。在方程式 ① 中代入 $x=-3$。这样一来，就变成

① 的左边 $= (-2) \times (-3) = -6$

① 的右边 $= -3 - 3 = -6$

这个方程的解为 $x = -3$。然而，把原本方程左边的 $-2x$ 进行移项，方程式变为" $0 = 2x + x - 3 \cdots ②$ "后，试着代入 $x = -3$。这样一来，

② 的右边
$= 2 \times (-3) + (-3) - 3$
$= -6 - 3 - 3$
$= -12 \neq ②$ 的左边

即使只是进行了 1 次移项，② 的等号便不成立了。也就是在"负负为负"的规则基础上，是不能进行普通的移项的。在这个规则的基础上，如果不导入新的复杂的移项规则，那么就连简单的一次方程式都很难求得正确的答案。

类似的案例还可以举出很多。通过这样的例子，可以让我们认识到"负负为正"的规则到底使数学变得多么简单。

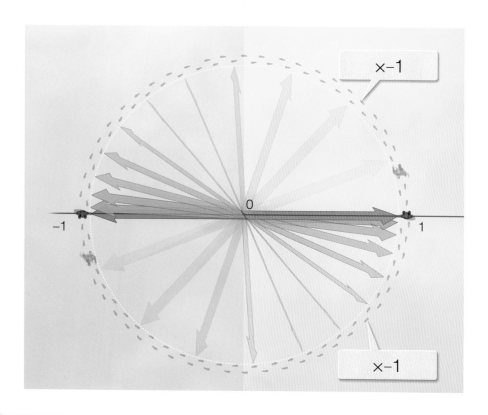

×-1

×-1

Column 15

复数的 "极坐标形式"

在 沙漠中埋藏宝箱。刚埋完不一会儿，风就"搬运"沙子，挖掘的痕迹瞬间消失。让

我们试着考虑一下，如何告诉同伴埋藏的地点。

沙漠的正中间不知为何竖立着一颗很大的椰子树，这就变成了记号。假设你的同伴拥有可以准确测量方位的指南针和准确测量长度的长绳。

一种方法是可以告诉他"从椰子树出发，向东走 x 米，向北走 y 米"。这是使用"横向移动距离"和"纵向移动距离"这两个数值来确定位置的方法，是"正

交坐标系（笛卡儿坐标系）"的思考方法。

但还有另一种方法可以用来指定相同的位置。那就是"从椰子树出发，朝着正东开始逆时针旋转 θ 度的方向，笔直前进 r 米"。这是用"前进方向"和"前进移动距离"这两个数值来表示位置的方法，是"极坐标形式"。

在极坐标中，确定极点 O 和极轴（通过极点的射线，一般与 x 轴的正方向一致），某一点 P 的

1. 极坐标

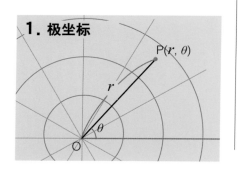

2. 复数的极坐标形式

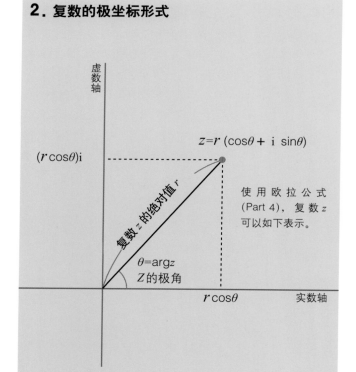

$$z=r(\cos\theta + i\,\sin\theta)$$

使用欧拉公式（Part 4），复数 z 可以如下表示。

3. 极角的不确定性

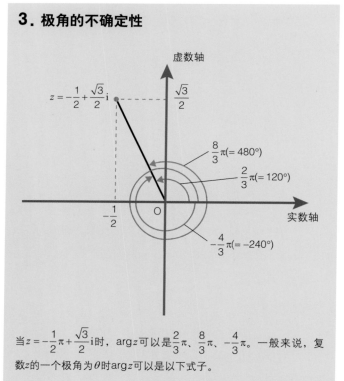

当 $z=-\dfrac{1}{2}\pi+\dfrac{\sqrt{3}}{2}i$ 时，$\arg z$ 可以是 $\dfrac{2}{3}\pi$、$\dfrac{8}{3}\pi$、$-\dfrac{4}{3}\pi$。一般来说，复数 z 的一个极角为 θ 时 $\arg z$ 可以是以下式子。

$$\arg z = \theta + 2n\pi \quad (n \text{ 为整数})$$

坐标表示为"到极点的距离 r"和"直线 OP 与极轴的夹角 θ"（1）。点 P 的极坐标为 P（r,θ）。极点 O 称为极点，r 为 OP 的绝对值，θ 称为极角。

利用"三角函数"的极坐标形式

利用"三角函数"（详见第 118～119 页，134～135 页），可以把极坐标转换为正交坐标。极坐标为（r,θ）的点 P 的正交坐标为（$r\cos\theta$，$r\sin\theta$）。因为这个关系，绝对值为 r，和实轴的夹角（极角）为 θ 的复数 z 可以表示为"$z = r\cos\theta + r\sin\theta$"。像

这样的复数的表示方法称为"极坐标形式"（2）。

复数 z 的极角写作 $\arg z$。极角一般使用把角度单位 360° 转化为 2π 的"弧度制"，并且使用范围不限于 0° 到 360° 的"一般角"。因此，极角也拥有 $2\pi(= 360°)$ 整数倍的不确定性。

如 3 所示，$z = -\dfrac{1}{2}\pi + \dfrac{\sqrt{3}}{2}i$ 的极角 $\arg z$ 可以为 $\dfrac{2}{3}\pi(= 120°)$、$\dfrac{8}{3}\pi(= 480°)$、$-\dfrac{4}{3}\pi$（$= -240°$）等。这个情况有时候会使利用复数的讨论而变得复杂。

极坐标形式的优点

极坐标形式的优点是有时可以使复杂的"复数之间的乘法和除法"变得容易。

比如，假设我们想知道两个复数 A 和 B 的乘积。如果我们知道 A 和 B 的绝对值和极角，A×B 的绝对值等于（A 的绝对值 × B 的绝对值），极角为（A 的极角 +B 的极角）。

也就是，复数之间的乘法可以通过"绝对值之间的乘法"（因为是实数之间的乘法，所以变得容易）和"角度的加法"的组合来完成（4）。🍎

4. 复数的乘法　　　　　　　　复数的除法

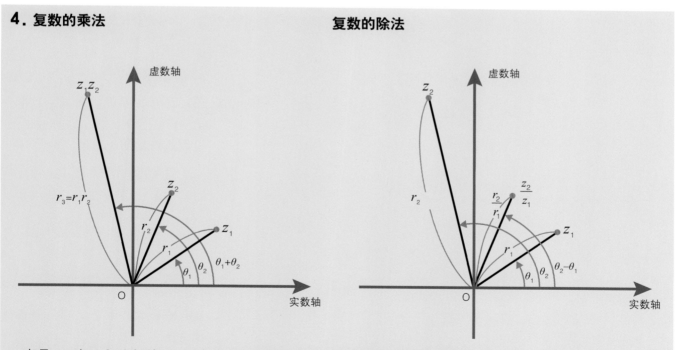

如果 $z_1 = r_1(\cos\theta_1 + i\sin\theta_1)$，$z_2 = r_2(\cos\theta_2 + i\sin\theta_2)$，则 $z_1z_2 = r_1r_2 = \cos(\theta_1 + \theta_2) + i\sin(\theta_1 + \theta_2)$

※ 这些关系可以通过三角函数的"加法定理"（第 135 页）推导得到。

尝试把复平面应用到几何学中

利 用复平面，不仅可以了解复数的性质，还可以运用到几何学中。在这里，让我们使用复数来研究关于直线和圆的几何学。

首先作为准备，我们来设想如下两个用极坐标形式（第92~93页）表示的复数 z_1、z_2。

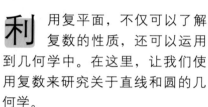

$$z_1 = r_1(\cos\theta_1 + i\sin\theta_1)$$
$$z_2 = r_2(\cos\theta_2 + i\sin\theta_2)$$

r_1、r_2 是复数 z_1、z_2 的绝对值。θ_1 是复数 z_1 的极角"（arg z_1），θ_2 是复数 z_2 的极角（arg z_2）。然后，

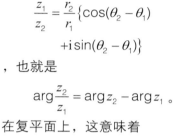

$$\frac{z_1}{z_2} = \frac{r_2}{r_1}\{\cos(\theta_2 - \theta_1) + i\sin(\theta_2 - \theta_1)\}$$

，也就是

$$\arg\frac{z_2}{z_1} = \arg z_2 - \arg z_1 .$$

在复平面上，这意味着

$$\angle z_1 o z_2 = \arg\frac{z_2}{z_1} .$$

角度以逆时针为正方向。

复数位于同一条直线上的条件

利用以上事实，首先让我们来求复数 z_1、z_2、z_3 在同一条直线上的条件。比如，假设 z_1、z_2、z_3 如 1 所示位于同一条直线上（z_2 在 z_1 和 z_3 之间，在相反位置设点 z_3'），那么 $z_3 - z_1$，$z_2 - z_1$，$z_3' - z_1$ 位于经过原点的直线上，则

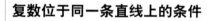

$$\arg(z_3 - z_1) = \arg(z_2 - z_1)$$
$$\arg(z_3' - z_1) = \arg(z_2 - z_1) + \pi$$

这意味着 $\arg\frac{z_3 - z_1}{z_2 - z_1} = 0$ 或 π。反过来，如果 $\frac{z_3 - z_1}{z_2 - z_1}$ 是实数，那么 z_1、z_2、z_3 在同一条直线上。

这也就等价于 $\arg\frac{z_3 - z_1}{z_2 - z_1} = 0$，则 $\frac{z_3 - z_1}{z_2 - z_1}$ 为正数；而 arg

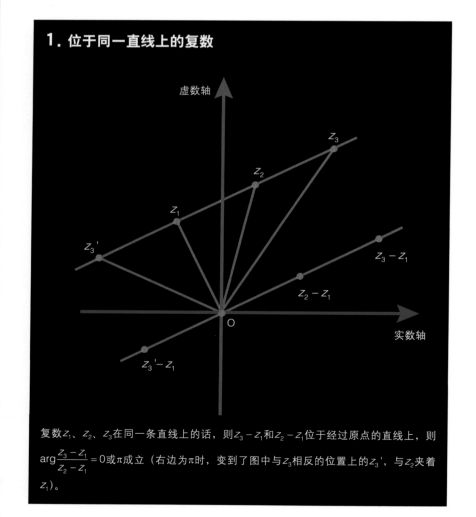

1. 位于同一直线上的复数

复数 z_1、z_2、z_3 在同一条直线上的话，则 $z_3 - z_1$ 和 $z_2 - z_1$ 位于经过原点的直线上，则 $\arg\frac{z_3 - z_1}{z_2 - z_1} = 0$ 或 π 成立（右边为 π 时，变到了图中与 z_3 相反的位置上的 z_3'，与 z_2 夹着 z_1）。

2. 位于同一圆周上的复数①

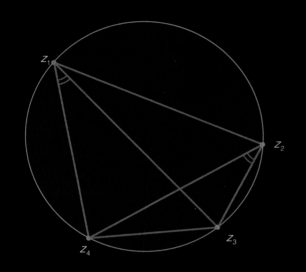

如果复数 z_1、z_2、z_3、z_4 在同一圆周上，则 $\angle z_3 z_1 z_4 = \angle z_3 z_2 z_4$（圆周角定理），

$$\arg\frac{z_4 - z_1}{z_3 - z_1} - \arg\frac{z_4 - z_2}{z_3 - z_2} = 0$$

成立。

3. 位于同一圆周上的复数②

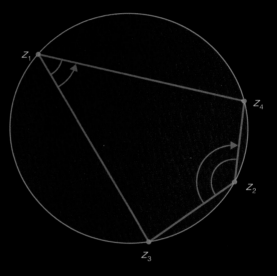

如果复数 z_1、z_2、z_3、z_4 在同一圆周上，则 $\angle z_3 z_1 z_4 + \angle z_3 z_2 z_4 = 180° = \pi$（补角），

$$\arg\frac{z_4 - z_1}{z_3 - z_1} - \arg\frac{z_4 - z_2}{z_3 - z_2} = \pi$$

成立。

$\dfrac{z_3 - z_1}{z_2 - z_1} = \pi$，则 $\dfrac{z_3 - z_1}{z_2 - z_1}$ 为负数。

复数在同一圆周上的条件

让我们来求 4 个不同的复数，z_1、z_2、z_3、z_4 在同一圆周上的条件。如 **2** 所示，当复数 z_1、z_2、z_3、z_4 逆时针排列时，根据圆周角定理，$\angle z_3 z_1 z_4 = \angle z_3 z_2 z_4$ 成立。这也意味着

$$\arg\frac{z_4 - z_1}{z_3 - z_1} = \arg\frac{z_4 - z_2}{z_3 - z_2}$$

$$\arg\frac{z_4 - z_1}{z_3 - z_1} - \arg\frac{z_4 - z_2}{z_3 - z_2} = 0$$

反过来，如果这个式子成

立，则根据圆周角的逆定理，则 z_1、z_2、z_3、z_4 在同一圆周上。

另外，如 **3** 所示，改变同一圆周上的复数的排列顺序，因为 $\angle z_3 z_1 z_4$ 和 $\angle z_3 z_2 z_4$ 互为补角，所以 $\angle z_3 z_1 z_4 + \angle z_3 z_2 z_4 = 180° = \pi$。

又因为 $\arg\dfrac{z_4 - z_1}{z_3 - z_1}$ 是射线 $z_1 z_3$ 向着射线 $z_1 z_4$，是逆时针，所以角度为正，另一方面 $\arg\dfrac{z_4 - z_2}{z_3 - z_2}$ 为射线 $z_2 z_3$ 向着射线 $z_2 z_4$，是顺时针，所以角度为负。从而 $\angle z_3 z_2 z_4 = -\arg\dfrac{z_4 - z_2}{z_3 - z_2}$，由此可写成

$$\arg\frac{z_4 - z_1}{z_3 - z_1} - \arg\frac{z_4 - z_2}{z_3 - z_2} = \pi$$

反之，如果这个条件成立，则 z_1、z_2、z_3、z_4 在同一圆周上。

总结起来，同一圆周上的四个复数，无论以怎样的顺序排列，

$$\arg\frac{z_4 - z_1}{z_3 - z_1} - \arg\frac{z_4 - z_2}{z_3 - z_2} = 0 \text{或} \pi$$

都成立。这个条件为 $\arg$

$\dfrac{z_4 - z_1}{z_3 - z_1} \Big/ \dfrac{z_4 - z_2}{z_3 - z_2} = 0$或$\pi$，也就意味着 $\dfrac{z_4 - z_1}{z_3 - z_1} \Big/ \dfrac{z_4 - z_2}{z_3 - z_2}$ 是实数。反过来，如果这个条件成立，则 z_1、

z_2、z_3、z_4 在同一圆周上。

托勒密定理的证明

让我们使用以上方法，利用复数来证明"托勒密定理"。托勒密定理为内接圆的四边形 ABCD，满足 AC×BD＝AD×BC＋AB×CD。

在复平面上的点 A、B、C、D 所对应的复数设为 z_1、z_2、z_3、z_4（**4**）。这样一来，就可知

$$\arg \frac{z_1 - z_2}{z_3 - z_2} + \arg \frac{z_3 - z_4}{z_1 - z_4} = \pi$$（角度逆时针方向为正）。也就意味着

$$\frac{z_1 - z_2}{z_3 - z_2} \Big/ \frac{z_1 - z_4}{z_3 - z_4}$$ 为负数，因此

$$\frac{\dfrac{z_1 - z_2}{z_2 - z_3}}{\dfrac{z_1 - z_4}{z_3 - z_4}} = \frac{(z_1 - z_2)(z_3 - z_4)}{(z_2 - z_3)(z_1 - z_4)}$$

为正数。据此，设

$$z = (z_1 - z_2)(z_3 - z_4)$$
$$w = (z_2 - z_3)(z_1 - z_4)$$

则 $z = kw$，$k > 0$ 成立。由此
$$|z + w| = |(k+1)w| =$$
$$(k+1)|w| =$$
$$k|w| + |w| =$$
$$|z| + |w|$$

成立。

另外，经过简单计算，可知
$$z + w = (z_1 - z_2)(z_3 - z_4) +$$
$$(z_2 - z_3)(z_1 - z_4) =$$
$$z_1 z_2 - z_1 z_4 - z_2 z_3 +$$
$$z_3 z_4 = (z_1 - z_3)(z_2 - z_4)$$

成立。

由此，可知
$$\big|(z_1 - z_3)(z_2 - z_4)\big| =$$
$$\big|(z_1 - z_2)(z_3 - z_4)\big| +$$
$$\big|(z_2 - z_3)(z_1 - z_4)\big|$$

成立。
由于
AB $= |z_1 - z_2|$，
CD $= |z_3 - z_4|$，
AD $= |z_1 - z_4|$，
BC $= |z_2 - z_3|$，
AC $= |z_1 - z_3|$，
BD $= |z_2 - z_4|$ 成立，所以托勒密定理就成立。 ❦

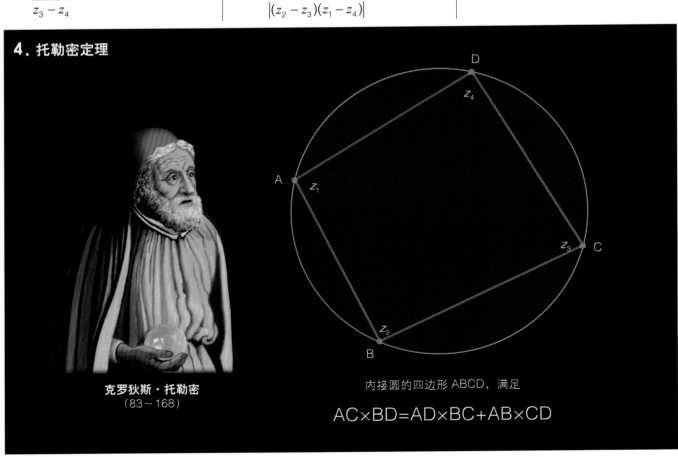

4. 托勒密定理

克罗狄斯·托勒密
(83～168)

内接圆的四边形 ABCD，满足

AC×BD＝AD×BC＋AB×CD

Column 17

复平面的反演和无穷远点

$w=\frac{1}{z}$ 可以认为是复平面（z 平面）在复平面（w 平面）上的映射。当 $|z|<1$ 时，$|w|=\left|\frac{1}{z}\right|>1$，半径为 1 的圆的内部则映射为单位圆之外。当 $|z|=1$ 时，则 $|w|=1$，单位圆的映射依然为单位圆。

映射 $w=\frac{1}{z}$ 叫作“反演”变换。虽然在初等几何学中对圆的反演有过定义，但那相当于是对单位圆的 $|z|=1$ 的反演为映射 $w=\frac{1}{\bar{z}}$（$\bar{z}$ 为改变 z 的虚部的符号，为 z 的共轭复数）。

然而，在反演映射中，z 平面的原点 O 在 w 平面上不存在对应的点。如果 $z_n\to 0$ 的话，则 $\left|\frac{1}{z_n}\right|\to+\infty$ 发散开来。

此处，$|w_n|=+\infty(n\to\infty)$ 所组成的复数点阵，可以想象为假想中的点收束到无穷远点 ∞，在复平面（w 平面）的“外侧”添加无穷远点。这个可以想象为平面“结合”到了一点上，作为球面来考虑。在这里，把向复平面添加无穷远点称为“黎曼球面”。

在三维空间中画出一个原点为中心的球，xy 平面上的点（a，b）对应复数 $a+b\mathrm{i}$，与北极和 $a+b\mathrm{i}$ 形成的射线的交点对应为 P，球面上除北极以外的点与复平面上的点一一对应。当 $|a_n+b_n\mathrm{i}|\to+\infty$ 时，$a_n+b_n\mathrm{i}$ 所对应的球面上的点 P_n 接近北极。这里可以发现向复平面上添加无穷远点为球。

反演时从包含 z 平面的黎曼球面到包含 w 平面的黎曼球面上的一对一的映射。无穷远点的反演转换所对应的点为原点。因为 $|z_n|\to\infty$ 的话，则 $\left|\frac{1}{z_n}\right|\to 0$。

通过反演，把圆映射到圆上。让我们来考虑直线为半径无限大的圆。注意直线通过无穷远点。只是通过 z 平面原点的圆变成了 w 平面的直线。

外侧大圆 A 与内侧的中圆 B 相交于 1 点，然后如 **3** 所示，假设有与圆 A、圆 B 相接的圆。此时，求 C_n、C_{-n} 的直径。

设圆 A 直径长为 $2R$，圆 B 直径为 $2r$。考虑它们关于圆的反演 $w=\frac{1}{z}$ 的像，由于圆 A、B 都经过原点，分别变成与实轴正交的直线。圆 C_j 的反演的像记为 $\widetilde{C_j}$，$\widetilde{C_j}$ 为与两条直线相接的圆，可知直径是确定的（**4**）。

反过来把这张图用 $z=\frac{1}{w}$ 映射的话，就可以得到原来的图。实际上，日本江户时代的和算家法道寺善利用反演的方法解决了这个问题。

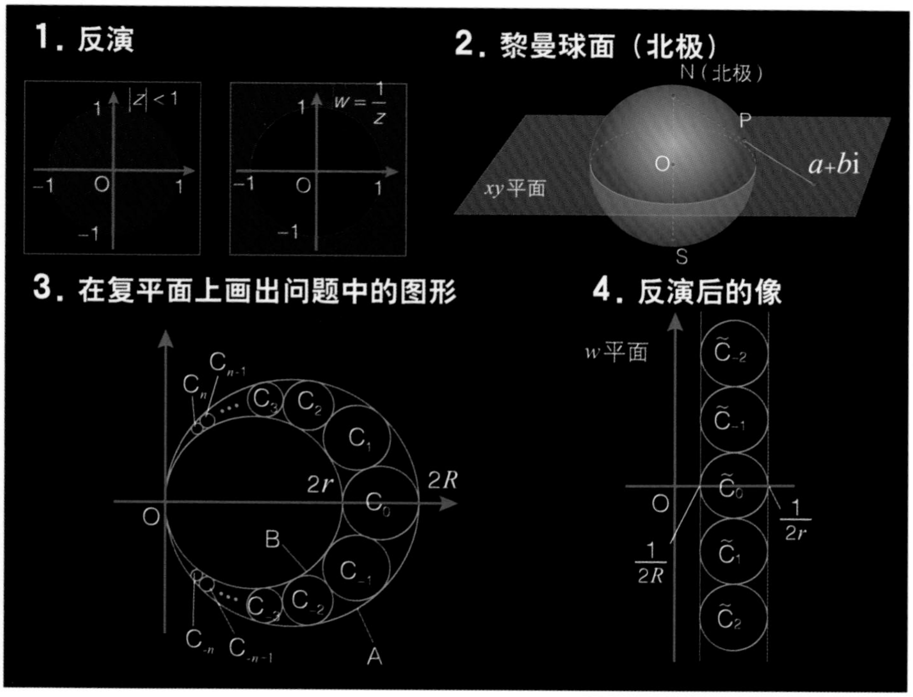
1. 反演
|z|<1
1
−1
O
1
−1
w = 1/z
1
−1
O
1
−1
2. 黎曼球面（北极）
N（北极）
P
O
a+bi
xy 平面
S
3. 在复平面上画出问题中的图形
C_{n-1}
C_n
C_3
C_2
C_1
2r
2R
C_0
O
B
C_{-1}
C_{-2}
C_{-3}
C_{-n}
C_{-n-1}
A
4. 反演后的像
w 平面
$\widetilde{C}_{-2}$
$\widetilde{C}_{-1}$
$\widetilde{C}_0$
$\widetilde{C}_1$
$\widetilde{C}_2$
O
1/2R
1/2r

Q3 –1 的 4 次方根、8 次方根、16 次方根是多少？

Q 在第 84 页中，提到 "1、i、–1、–i" 的四次方都为 1，所以它们也是 "1 的 4 次方根"。那么 "–1 的 4 次方根" 是什么呢？同样的，其 8 次方根、16 次方根都可以用复数来表示吗？

A 首先让我们来考虑 "–1 的 4 次方根"。

在实数范围内思考的话，正数无论多少次相乘都是正数，因此正数中不可能有 –1 的 4 次方根。而无论怎样的负数四次方都是正数，因此负数之中也没有 –1 的 4 次方根。当然 0 的 4 次方为 0，所以也不会是 –1 的 4 次方根。因此，可知在实数范围内没有 –1 的 4 次方根。

那么如果扩展到复数的范围，则可以找到 –1 的 4 次方根。这个方程式拥有解。也就是，在复数平面中，理解为 "按照这个角度旋转 4 次后变为 180° 旋转"。

比如，180° 除以 4 为 45°，进行 4 次 45° 旋转，就变成了 180°，也就是变成了 –1 倍。将 1 进行 45° 旋转，就变成了

$$\cos 45° + i \sin 45° = \frac{\sqrt{2}}{2} + \frac{\sqrt{2}}{2}i ,$$

因此可知 $\frac{\sqrt{2}}{2} + \frac{\sqrt{2}}{2}i$ 是 –1 的 4 次方根的其中一个解。实际上，把 $\frac{\sqrt{2}}{2} + \frac{\sqrt{2}}{2}i$ 平方，可得到

$$\left(\frac{\sqrt{2}}{2} + \frac{\sqrt{2}}{2}i\right)\left(\frac{\sqrt{2}}{2} + \frac{\sqrt{2}}{2}i\right) = \left(\frac{1}{2} - \frac{1}{2}\right) + \left(\frac{i}{2} + \frac{i}{2}\right) = i ,$$

再进行平方（也就是原来的 $\frac{\sqrt{2}}{2} + \frac{\sqrt{2}}{2}i$ 的 4 次方），结果为 –1。–1 的 4 次方根在复数中拥有 4 个解，这 4 个解可表示为 $\pm\frac{\sqrt{2}}{2} \pm \frac{\sqrt{2}}{2}i$（复合独立）。

同样可以求 –1 的 8 次方根（总共 8 个）和 16 次方根（总共 16 个）。全部写出来比较困难，因此让我们尝试把 8 次方根、16 次方根、32 次方根分别一个一个地找出来，则

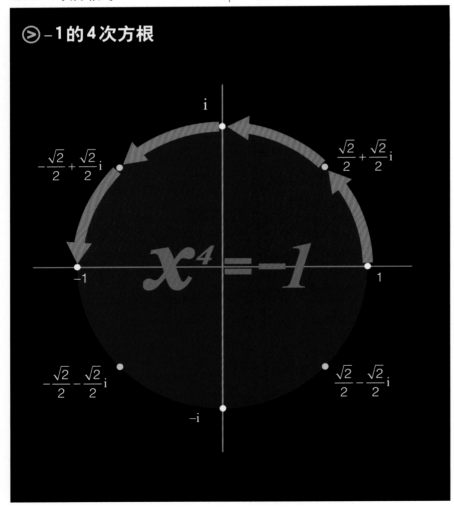

⊙ –1的 4 次方根

i

$-\frac{\sqrt{2}}{2} + \frac{\sqrt{2}}{2}i$

$\frac{\sqrt{2}}{2} + \frac{\sqrt{2}}{2}i$

$x^4 = -1$

-1 1

$-\frac{\sqrt{2}}{2} - \frac{\sqrt{2}}{2}i$

$\frac{\sqrt{2}}{2} - \frac{\sqrt{2}}{2}i$

$-i$

棣莫弗公式和复数的 n 次方

"棣莫弗公式"与复数的极坐标形式（第 92~93 页）存在重要关系。棣莫弗公式对于实数 θ 和整数 n，存在以下式子成立

$$(\cos\theta + i\sin\theta)^n = \cos n\theta + i\sin n\theta$$

（这可以使用第 135 页上的三角函数的加法定理，利用与 n 相关的归纳法来证明，此处省略）。

让我们来试一下使用这个公式，研究复数 z 的 n 次方根 $\sqrt[n]{z}$。

满足

$$w^n = z$$

的复数 w 是 z 的 n 次方根。

如果设

$$z = r(\cos\theta + i\sin\theta)$$
$$w = s(\cos\alpha + i\sin\alpha)，$$

根据棣莫弗公式，则

$$w^n = s^n\left(\cos n\alpha + i\sin n\alpha\right)$$

这与 z 相等，因此

$$s^n(\cos n\alpha + i\sin n\alpha) = r(\cos\theta + i\sin\theta)$$

可得 $s = \sqrt[n]{r}$ 及 $n\alpha = \theta + 2k\pi$，$k = 0, \pm 1, \pm 2, \ldots$

据此，如果 $z \neq 0$，则存在 n 个不同的复数 w。这 n 个复数，可以表述为

$$w = \sqrt[n]{r}\left(\cos\frac{\theta + 2k\pi}{n} + i\sin\frac{\theta + 2k\pi}{n}\right)$$

$$k = 0, 1, 2, \cdots, n-1$$

$$\cos 22.5° + i\sin 22.5°$$
$$= \frac{\sqrt{2+\sqrt{2}}}{2} + \frac{\sqrt{2+\sqrt{2}}}{2}i$$
$$\cos 11.25° + i\sin 11.25°$$
$$= \frac{\sqrt{2+\sqrt{2+\sqrt{2}}}}{2} + \frac{\sqrt{2+\sqrt{2+\sqrt{2}}}}{2}i$$

$$\cos 5.625° + i\sin 5.625°$$
$$= \frac{\sqrt{2+\sqrt{2+\sqrt{2+\sqrt{2}}}}}{2}$$
$$+ \frac{\sqrt{2+\sqrt{2+\sqrt{2+\sqrt{2}}}}}{2}i$$

看出诀窍来了吗？关于更加一般的复数 z 的 n 次方根，请看上面的栏目。🍎

代数基本定理的证明

执笔 | **木村俊一**
日本广岛大学理学部数学科教授

使用虚数,可以解开任何二次方程式。三次方程式和四次方程式在德尔·费罗、塔尔塔利亚、卡尔达诺和费拉里的努力下,解的公式也被发现了。那么,到此数学的"扩张之旅"走到终点了吗?五次方程式又如何解开呢?

其实在 19 世纪初,根据挪威数学家尼尔斯·阿贝尔（1802~1829）的定理,已经证明了仅使用四则运算（+-×÷）和方根 $\sqrt{}$，$\sqrt[3]{}$，$\sqrt[n]{}$ …）是无法做出五次方程式的解的公式。那么,为了解开五次方程式,

挪威数学家　尼尔斯·阿贝尔

卡尔·弗里德里希·高斯

是不是需要创造复数之外新的数呢？

有趣的是，在阿贝尔证明"没有五次方程式解的公式"之前，高斯证明"在复数中，复数作为因数的 n 次方程式（$n > 0$），一定有解"。高斯的这个定理被称为"代数基本定理"。在代数基本定理的帮助下，我们可以不需要再寻找更多的数去解五次方程了。

阿贝尔和高斯的定理不矛盾吗？相对于阿贝尔的"仅用四则运算和方根这些限定的工具无法写出解"，高斯证明的是"不管如何寻找方法，反正在复数中存在解"。而这个微妙的差异变成了小小的悲剧。

阿贝尔把自己的论文寄给高斯，题名为《论五次方程式没有解》。高斯认为他"真是笨蛋"，读都没读就扔进了抽屉。怎么等都没有得到高斯的回复，所以阿贝尔在好不容易到访德国的时候，放弃了去拜访高斯。

结果这两个天才一直未能见面，直到 1829 年阿贝尔英年早逝。如果两个人可以直接交流数学的话，又会诞生出怎样有趣的数学故事呢，仅是想象就令人遗憾不已。

以"犬的轨迹"来思考方程式解的有无

虽自觉很难，但在这里让我介绍一下代数基本定理的证明概略。因为是用生硬的直觉来进行

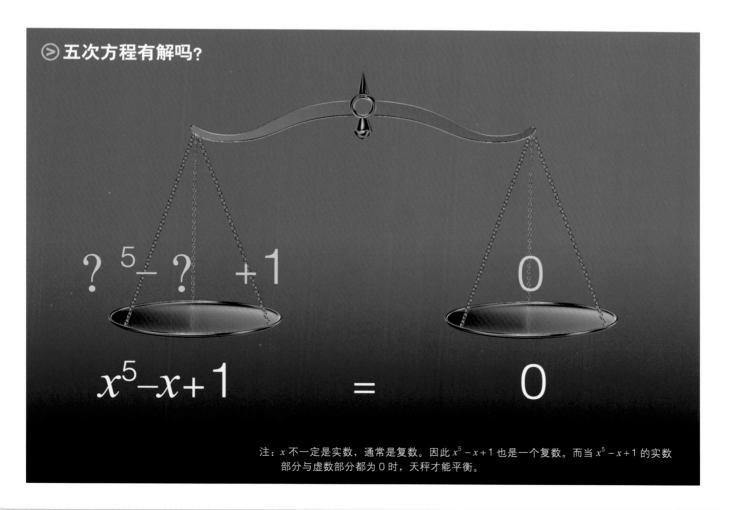

⊙ 五次方程有解吗？

$$? \, ^5 - ? + 1 \qquad\qquad 0$$

$$x^5 - x + 1 \qquad = \qquad 0$$

注：x 不一定是实数，通常是复数。因此 $x^5 - x + 1$ 也是一个复数。而当 $x^5 - x + 1$ 的实数部分与虚数部分都为 0 时，天秤才能平衡。

思考，因此希望大家抱着"懂也好，不懂也罢"的轻松心态来阅读本文。

这里让我们尝试证明 $x^5-x+1=0$ 这个五次方程式拥有解（其他的方程式原理也相同，证明是通用的）。作为"道具"，考虑函数 $f(x)=x^5-x+1$。希望来思考一个输入复数 a，输出 $f(a)=a^5-a+1$ 的一种"黑盒"。在以复平面上的 0 作为中心，在半径为 2 的圆周上取复数为 a，代入 $f(x)$ 中。当 a 在圆周上旋转一周时，$f(a)$ 会在复平面上画出怎样的轨迹？

a 在以 0 为中心的半径为 2 的圆周上绕一周，以极坐标形式表现为 $a=2(cos\theta+isin\theta)$ 时，θ 从 0 到 360° 绕一周。此时，$f(a)=a^5-a+1$ 中的第一项 a^5 根据棣莫弗公式（参照第 99 页），进行着 $a^5=32(cos5\theta+isin5\theta)$ 的运动。也就是，是在以 0 为中心的半径为 32 的圆周上旋转了 5 次。$f(a)$ 是 a^5 加上 $-a+1$，由于 a 距离 0 最多也不过是 2，因此 $-a+1$ 距离 0 最多不过 3（当 $a=-2$ 时，$-a+1=3$，此时是距离 0 最远的瞬间）。

把 a^5 当作"主人"，系着长度最多为 3 米绳子的狗"约翰"在主人周围环绕。主人在原点的周围保持半径 32 的圆周上走了 5 圈，狗以轨迹 $f(a)=a^5-a+1$ 距离主人不过 3 米。当主人环绕 5 周时，约翰也正好环绕 5 周。实际尝试描绘 $f(a)$ 的轨迹，如右页图 2 所示。

听了这个说明再来看图 2，是不是就可以接受"约翰"在原点周围绕了 5 圈。

然后把 a 环绕的圆周的半径慢慢缩小，约翰的轨迹也随之渐渐变小。当 a 在半径为 1.2 的圆周上环绕时，$f(a)$ 的轨迹就变成了接下来的图 3。

比起刚才的图 2，环绕 5 周的样子更容易分辨。而且描绘的美丽图案令人震撼。然后再缩小一点半径，设为 1.16，就变成了接下来的图 4。

轨迹稍微有所偏差，就只能在圆周周围环绕 4 周了。因此，当 a 的半径从 1.2 到 1.16 减少的过程中的某一个位置，约翰的轨迹应该是通过原点的。我们设当半径为 r（此处 $1.16<r<1.2$）时，约翰的轨迹也就是 $f(a)$ 的轨迹经过 0，则在某个 θ，满足 $f(r(cos\theta+isin\theta))=0$。也

就是，虽然我们无法进行具体的计算，但可以确信五次方程式 $x^5-x+1=0$ 拥有解。这个解无法用四则运算和方根来写，但通过数值计算，可发现是 $-1.167303978\cdots$ 这样的负数。

如果想要调查一般的 n 次方程式 $f(x)=ax^n+bx^{n-1}+\cdots+c$ 的解。半径 R 取足够大的值，当 A 在原点 0 为中心的半径 R 的圆周上转一圈时，aA^n 在半径为 aR^n 的圆周上环绕了 n 周。

R 足够大的话，"狗绳长度" $bx^{n-1}+\cdots+c$ 的绝对值总是比 aR^n 小。这样一来，$f(a)$ 的值也绕着原点周围绕了 n 周。半径从那里渐渐缩小，直至最后半径变为 0，停留在 $f(0)=c$ 这一点上。

如果 $c=0$，则 $f(0)=0$，解就出来了。如果不是这样的话，因为 $f(A)$ 在原点周围 1 圈都绕不到，因此在半径缩小的过程中一定在某个地方通过原点，也就是必然存在解。

此外，环绕 n 周就变成了 0 周，因此在过程中会经过 n 回 0，也就是 n 次方程式会拥有 n 个复数解。🍎

把复数a代入函数$f(x) = x^5 - x + 1$

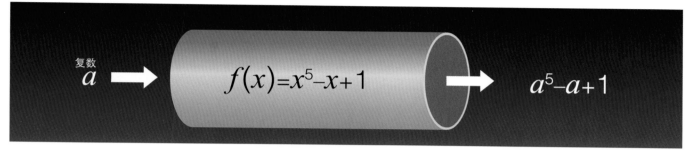

复数
a → $f(x)=x^5-x+1$ → a^5-a+1

1. a 在圆周上 1 周

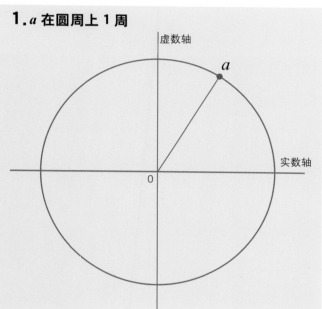

2. $f(a)$: a 在半径为 2 的圆上环绕 1 周的情况

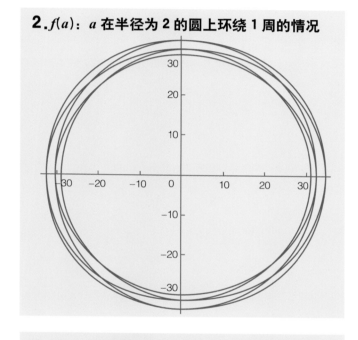

3. $f(a)$: a 在半径为 1.2 的圆上环绕 1 周的情况

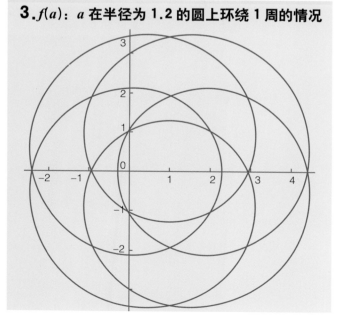

4. $f(a)$: a 在半径为 1.16 的圆上环绕 1 周的情况

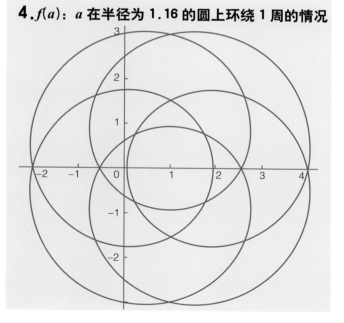

分形和复数

在我们身边，存在着各种各样复杂的自然造型，如云的形状、海岸线的形状、树木的形状等。这些造型一眼看上去似乎是不规则的。而发现这些复杂造型的规则性，提出"分形"理论的人是法裔美国数学家本华·曼德博（1924～2010）。

下图是被称为"曼德博集合"

1. 曼德博集合

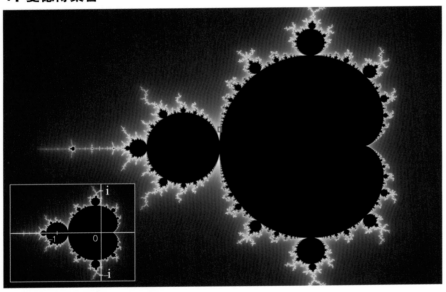

2. 把 1 框内的部分进行放大

3. 把 2 框内的部分进行放大

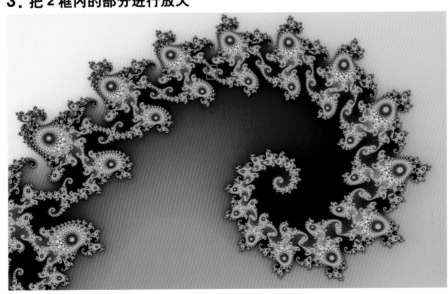

4. 把 3 框内的部分进行放大

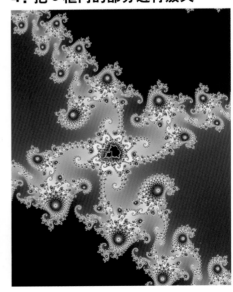

的一种分形图案。曼德博集合是对函数"$f(x) = z^2 + c$"（z 和 c 都为复数）进行多次操作，这些不会无限变大的复数都作为黑点收敛在复平面上。也就是，像 0、c、$c^2 + c$、$(c^2 + c)^2 + c$ …这样从 0 开始，反复进行平方后加上 c 的操作，绝对值不会无限放大

的复数 c 的集合用黑点来表示。

那在下图中，对于会无限放大的复数（也就是曼德博集合的外侧），对其变大的速度，进行相应配色。

当把曼德博集合进行局部放大，会出现与原本形状相似的图案。然后把这个图像的局部再次

放大，又会出现类似的图案。

像这样一次次放大或缩小，都会出现与原本图像相似图形的性质称为"自相似性"。自相似性正是曼德博提出的分形的规则性。

分形不仅可以在电脑绘图中描绘出美丽的造型，同时也是利用数学解开复杂现象的手段。　🍎

5. 把 4 框内的部分进行放大

牛顿迭代法的分形

执笔 | 小谷善行
日本东京农工大学名誉教授

牛顿法（别名牛顿·拉夫逊法）是高效的求方程数值答案的方法，即当方程式 $f(x)=0$ 时，求此时 x 的方法，顺序如下。

① 首先，确定适当的 x。

② 在 $(x, f(x))$ 点处，做 $y=f(x)$ 的切线。

③ 在切线与 x 轴相交的点设为新的 x（图1）。

④ x 几乎无法再分割时结束，如果不是，则返回②继续反复。

新的 x 比起之前的 x 精度渐渐提高，是解的近似值。如果不是复杂的曲线，反复几次便可求得答案。

切点处的斜率为 $f(x)$ 的微分 $f'(x)$，所以新的 x 就是 $x - \dfrac{f(x)}{f'(x)}$。比如，设 $f(x)=x^2-2$，$f'(x)=2x$，因此新的 x 就是 $x - \dfrac{x^2-2}{2x}$。这样求得为 $\sqrt{2}$，制

图1. 通过切线得到解的近似值

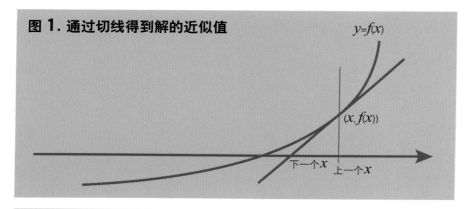

表1. 牛顿法求 $\sqrt{2}$

	x	$f(x)$	$f'(x)$	$x - f(x)/f'(x)$
第一次	3.0000	7.0000	6.0000	1.8333
第二次	1.8333	1.3611	3.6667	1.4621
第三次	1.4621	0.1378	2.9242	1.4150
第四次	1.4150	0.0022	2.8300	1.4142
第五次	1.4142	0.0000	2.8284	1.4142
第六次	1.4142	0.0000	2.8284	1.4142
第七次	1.4142	0.0000	2.8284	1.4142

表2. 没有实数解的情况不会收敛

	x	$f(x)$	$f'(x)$	$x - f(x)/f'(x)$
第一次	3.0000	10.0000	6.0000	1.3333
第二次	1.3333	2.7778	2.6667	0.2917
第三次	0.2917	1.0851	0.5833	-1.5685
第四次	-1.5685	3.4600	-3.1369	-0.4654
第五次	-0.4654	1.2166	-0.9309	0.8415
第六次	0.8415	1.7082	1.6831	-0.1734
第七次	-0.1734	1.0301	-0.3468	2.7970
第八次	2.7970	8.8231	5.5939	1.2197

表3. 复数的牛顿法

	z		$f(z)$		$f'(z)$		$z - f(z)/f'(z)$	
	实部	虚部	实部	虚部	实部	虚部	实部	虚部
第一次	1.0000	1.0000	1.0000	2.0000	2.0000	2.0000	0.2500	0.7500
第二次	0.2500	0.7500	0.5000	0.3750	0.5000	1.5000	-0.0750	0.9750
第三次	-0.0750	0.9750	0.0550	-0.1463	-0.1500	1.9500	0.0017	0.9973
第四次	0.0017	0.9973	0.0054	0.0034	0.0034	1.9946	0.0000	1.0000
第五次	0.0000	1.0000	0.0000	0.0000	0.0000	2.0000	0.0000	1.0000
第六次	0.0000	1.0000	0.0000	0.0000	0.0000	2.0000	0.0000	1.0000

成表格的话为表 1。

而当 $f(x) = x^2 + 1$ 时，解为虚数，因此不能用这个方法求得，同样操作无法收敛（表 2）。

有趣的事，牛顿法同样适用于复平面。也就是在复数的数据反复进行 $z \leftarrow z - \dfrac{f(z)}{f'(z)}$。当然，这里的减法和除法都是复数的计算。若初始值为 $1+i$，可知会收敛到 i（表 2）。

牛顿法的一个缺点是当解为复数时，根据最初的值（初始值）不同，并不清楚最终会收敛向哪个值，这令人困扰。

在复数的牛顿法中，初始值也为复数。来研究一下从复平面上不同的点分别除法，会收敛到哪个值。这样一来，可以绘出不可思议的图形。

让我们尝试验证 $f(x) = x^8 - 1$。方程式 $x^8 - 1 = 0$ 的解为

$$x = \cos\frac{k\pi}{4} + \sin\frac{k\pi}{4}i \quad (k=0,1,\cdots,7)$$

也就是，按照顺序，x 为 1，$\dfrac{1+i}{\sqrt{2}}$，i，$\dfrac{-1+i}{\sqrt{2}}$，-1，$\dfrac{-1-i}{\sqrt{2}}$，

$-i$，$\dfrac{1-i}{\sqrt{2}}$。

反复进行 $z \leftarrow z - \dfrac{f(z)}{f'(z)}$，会收敛到这 8 个解中的哪一个呢？收敛到哪一个取决于初始值，在复平面中画出收敛的方向，就变成下图。

8 个值的分枝无限存在。根据 k，设定为彩虹一般的颜色。颜色比较淡的地方就比较早收敛，而浓的地方则相反。图形颜色十分漂亮，可以发现有分形的结构。　🍎

尝试用黄金比例和复数绘制正五边形

执笔 | **木村俊一**
日本广岛大学理学部数学科教授

黄金比例和正五边形

准备带有平方根按键 $\sqrt{\ }$ 的计算器，输入任意的正数，加上 1 取平方根。在计算器的操作为，按照次序按下 $+$ 1 $=$ $\sqrt{\ }$。试着重复几次这样的操作。在反复几次后，应该会变成显示相同的数。这个数为 1.6180339887…。这

个数或者 1:1.618…，被称为"黄金比例"。黄金比例是出现在很多地方的重要数字，有多种表示方法。在这里，我们使用 黄金比例 $= \sqrt{1+\sqrt{1+\sqrt{1+\dots}}}$ 这个"无穷平方根标记"来计算。作为习惯，一般用"黄金比例 $= \phi$"来表示，ϕ 加上 1 取平方根还是原来的数，因此满足 $\sqrt{\phi+1}=\phi$。两边都平方，则

得到二次方程式 $\phi+1=\phi^2 \cdots$ ①

利用二次方程式的解法公式，可求得正确值 $\phi = \dfrac{1+\sqrt{5}}{2}$

这个二次方程的另一个解，$\dfrac{1-\sqrt{5}}{2}=-0.6180339887\dots=1-\phi$，虽然加上 1 也等于最初数的平方，但由于 $1-\phi$ 为负数，因此取平方根时正负相反。"加 1 取平方根等于原来的数"的只有黄金比例 ϕ。

"黄金比例很美丽"是真的吗？

黄金比例出现的历史非常久远，在公元前的希腊文明中就已经知道这个数了。被知道后，把纵横比为黄金比例"$1:\phi$"视为最美的长方形，从正面看雅典的帕特农神庙，会发现它是按照 $1:\phi$ 来设计的。这是数学应用在建筑上的案例。

有这样感受的人品味不错，但什么样的长方形是美的，这样的事

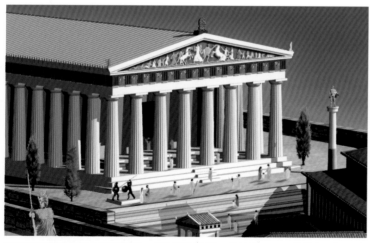

雅典帕特农神庙的复原示意图。从正面看的话，是按照 $1:\phi$ 的黄金比例设计。

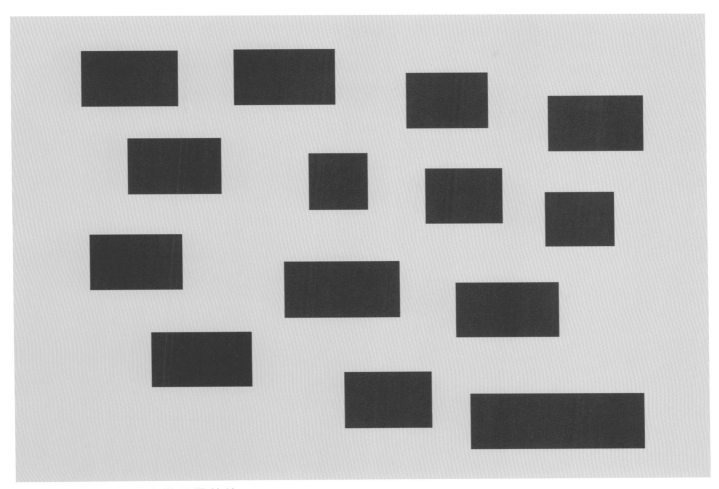

⊙ 哪个长方形对你来说是最美的？

长方形的纵横比请见第115页。

情不应该由数学来决定。我们尝试画一个自己认为美的长方形，测试纵横比是一件非常有意思的事情。我曾在教室里尝试了好几次，从认为"正方形一定是最美的"的画"1:1"比例的长方形的人，到"3人并坐想要连坐的桌子"的"1:3"比例的长方形的人，各种各样，其中画"1:1.4"到"1:1.6"之间的长方形的人是多数派。黄金比例，也就是1:1.6180339887…的长方形过于细长。

举另一个认为"黄金比例的长方形是最美"的可疑的理由，为什么不是"5：8=1：1.6"，也不是"8:13=1:1.625"，而正好是黄金比例呢？我们把1:1.6、1:1.6180339和1：1.625三个长方形并列（或者再多设计几个类似的长方形并列），询问其他人哪一个最美，认为哪一个都一样的人差不多会占大半。听说"名片正好是按照黄金比例设计的长方形"，尝试调查时，发现名片校准尺寸为55:91=1：1.654545…，与黄金比例有些许差异。如果把名片的横边切去2毫米，

变为55:89=1.6181818…，在肉眼看来与黄金比例几乎没有区别。因为 55 ϕ =88.991869…，和黄金比例长方形的横向差在0.01毫米以下。

尝试一下，上图中哪个长方形最美，根据你的感觉选取一个。因为不是选择哪一个是黄金比例的长方形，所以请放轻松选择。这些长方形的纵横比请见第115页。

"黄金比例"这个说法出现在文献中是从19世纪开始的，在古希腊时代被称为"中外比"（extreme and mean ratio），也 没 有 帕特农神庙的设计中使用到中外比的证据，从哪里看帕特农神庙是正面的也没有很好的解释，甚至在其中连 5:8 这样类似比例的长方形都找不到。古希腊人认为黄金比例的长三角是最美的说法也是不准确的。

使用黄金比例画正五边形的方法

我觉得，之所以会产生"黄金比例的长方形是最美的"这种迷信说法，是因为这个长方形可以用来作正五边形。正五边形，是古希腊最大的数学教派——毕达哥拉斯学派的标志。使用尺和圆规作正五边形，也是毕达哥拉斯学派的一大成就。让我们跟着欧几里得的《几何原本》，鉴赏一下黄金比例和正五

边形的作图方法。

首先，作 一 个 以 AB 为边 的 正 方 形 ABCD（图 1a）。边 AD 的 中 点 设 为 E。从 E 到 B 的 距 离，根据勾股定理，可知为

$$\sqrt{\left(\frac{1}{2}\right)^2 + 1^2} = \sqrt{\frac{5}{4}} = \frac{\sqrt{5}}{2}$$

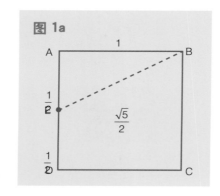

图 1a

以 E 为中心经过 B 画圆，与边 DA 的延长线相交点设为 F。这样一来的话，$DF = \frac{1}{2} + \frac{\sqrt{5}}{2} = \frac{1+\sqrt{5}}{2} = \phi$

（图 1b）。

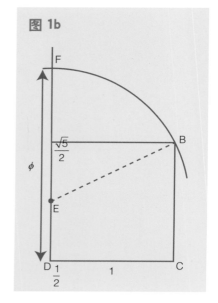

图 1b

然后，让我们来画底边长为 1，两个斜边长均为 ϕ 的等腰三角形 ABC（图 2a），利用辅助线，尝试计算这个等腰三角形的底角和顶角。

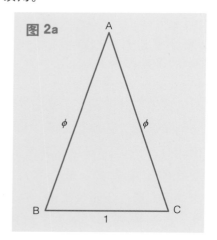

图 2a

在 AC 上 作 点 D，使 AD 为 1。线段 DC 长为 $\phi-1$，要注意 $\phi-1$ 等 于 $\frac{1}{\phi}$（图 2b）。实际上，$\phi(\phi-1) = \phi^2 - \phi$，根据第 108 页的式子①，$\phi^2 = \phi + 1$，所以可以确定把 ϕ 移项可得 $\phi^2 - \phi = 1$。也就

毕达哥拉斯（前 582～前 496）

是，$\phi : 1 = 1 : \phi - 1$

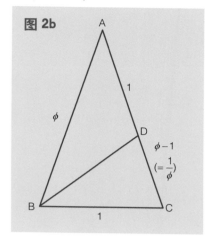

图 2b

在三角形 ABC 和三角形 BCD 中，AB：BC＝BC：CD，$\angle ABC = \angle BCD$，因此这两个三角形相似。三角形 BCD 为等腰三角形，则可知 BD＝1。由此，也可知三角形 ABD 也满足 AD＝BD，因此也是等腰三角形（图 2c）。

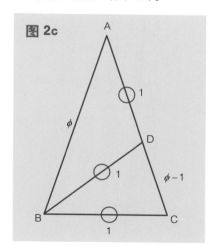

图 2c

由此可知，$\angle BAD = \angle ABD$，并且三角形 ABC 和三角形 BCD 相似，所以顶角相等，也就是 $\angle BAC = \angle CBD$，即线段 BD 把角 ABC 等分，等分的角又分别都等于 $\angle BAC$（图 2d）。

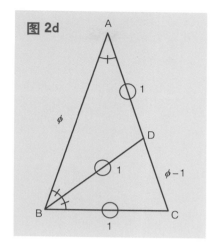

图 2d

三角形的内角和为 180°，又因为 $\angle ABC = \angle ACB = 2\angle BAC$，所以 $\angle ABC + \angle ACB + \angle BAC = (2\angle BAC) + (2\angle BAC) + \angle BAC = 5\angle BAC$。所以可知，$\angle BAC = \dfrac{180°}{5} = 36°$。$\angle ABC = 2 \times 36° = 72°$，底边为 1，腰为 ϕ 的等腰三角形的角度如图 2e 所示。

那么一旦画出顶角为 36° 的等腰三角形 ABC 后，就可以画与其外接的圆 O，底角 $\angle ACB$ 和 $\angle ABC$ 的等分线与圆相交于点 E、F（图 3a）。

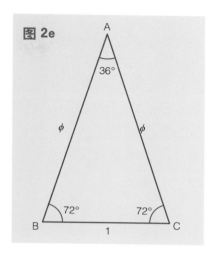

图 2e

这样一来，五边形 AEBCF 就变为正五边形。当有内接圆的三角形，其中 1 个顶点无论在圆周上如何运动，其角度都不会发生变化（圆周角定理），$\angle AEC = \angle ABC = 72°$，三角形 CAE 也是顶角为 36° 的等腰三角形，与三角形 ABC 内接于同一个圆，因此三角形 CAE 和三角形 ABC 是全等的（图 3b）。同样可知三角形 ABF、三角形 FEB、三角形 ECF 也都是全等的，五边形 AEBCF 所有的边和内角都相等，因此是正五边形。

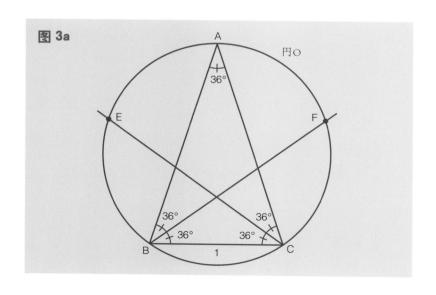

图 3a

圆O

111

复数和正五边形

下面让我们介绍用复数来进行正五边形的作图方法。

首先，在如下所示利用"棣莫弗公式"的复平面上设 5 个满足 $z^5 = 1$ 的点，然后让我们来确认这是正五边形的 5 个顶点。

棣莫弗公式：

当 a 为正实数，θ 为实数时，如果设 $z = a(\cos\theta + i\sin\theta)$，则 $z^n = a^n(\cos n\theta + i\sin n\theta)$。

由此，$z = 1$、"$\cos72° \pm i\sin72°$"及"$\cos144° \pm i\sin144°$"都是五次方后为 1。复数的五次方程正好有 5 个解（代数基本定理），这 5 个是 $z^5 = 1$ 全部的解。所有绝对值为 1，辐角为 0，$\pm72°$ 和 $\pm144°$，形成了正五边形的五个角（图 4）。

$$z^5 - 1 = (z-1)(z^4 + z^3 + z^2 + z + 1)$$

进行因数分解，除 $z = 1$ 外，$z^4 + z^3 + z^2 + z + 1$ 的 4 个解应为"$\cos72° \pm i\sin72°$"，"$\cos144° \pm i\sin144°$"。"$z^4 + z^3 + z^2 + z + 1 = 0$"的两边都除以 z^2，可得 $z^2 + z + 1 + \dfrac{1}{z} + \dfrac{1}{z^2} = 0$ 求解。

设 $t = z + \dfrac{1}{z}$　…②

因为 $t^2 = \left(z + \dfrac{1}{z}\right)^2 = z^2 + 2 + \dfrac{1}{z^2}$，

所以 $z^4 + z^3 + z^2 + z + 1 = t^2 + t - 1 = 0$。t 是 $t^2 + t - 1 = 0$ 的解，利用二次方程的解法公式，得 $t = \dfrac{-1 \pm \sqrt{5}}{2}$ …③

在这里，让我们来考虑式子②中 $t = z + \dfrac{1}{z}$ 的意味，当 $z = \cos\theta + i\sin\theta$ 时，$(\cos\theta + i\sin\theta)(\cos\theta - i\sin\theta) = (\cos\theta)^2 + (\sin\theta)^2 = 1$，所以 $\dfrac{1}{z} = \cos\theta - i\sin\theta$。由此可得 $t = z + \dfrac{1}{z} = (\cos\theta + i\sin\theta) + (\cos\theta - i\sin\theta)(\cos\theta - i\sin\theta) = 2\cos\theta$，也就是可知 t 的值为 $2\cos72°$ 和 $2\cos144°$。根据③，可计算出 $\cos72° = \dfrac{-1 + \sqrt{5}}{4}$，$\cos72° = \dfrac{-1 - \sqrt{5}}{4}$

这些值正是正五边形除 $z = 1$ 之外的 4 点的实部，考虑到这些就可以画出正五边形了。

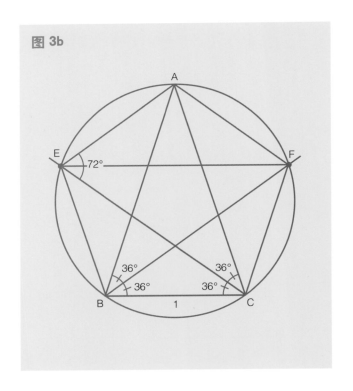

图 3b

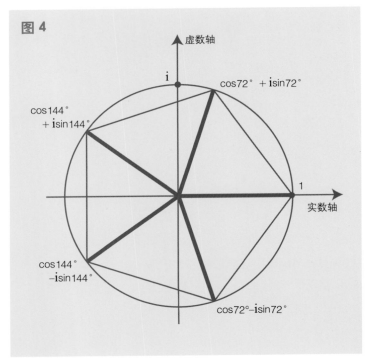

图 4

让我们来看平面上画出实轴和虚轴的复平面（图 5a）。以原点 O 为中心，画半径为 1 的圆，让我们来画内接于这个圆的正五边形。实轴的正向与圆 O 的交点为 $z = 1$ 的点。

-1 和 O 之间取四等分点 $-\dfrac{1}{4}$（图 5b 中的黑点）。然后，在 i 和 O 之间取等分点 0.5i（图 5b 中的红点）。以 $-\dfrac{1}{4}$ 作为圆心，画过 0.5i 的圆。根据勾股定理，这个小圆的半径为 $\dfrac{\sqrt{5}}{4}$。由此，这个小圆与实轴的交点（图 5b 中的绿点）为 $\dfrac{-1 \pm \sqrt{5}}{4}$

他们是正五边形剩下 4 点的实部，因此在这些点上作实轴的垂线，与圆 O 产生交点，正五边形的顶点便都能求出来，就可以作正五边形了。

古希腊时代的作图中有几何的直观趣味，而使用复数的话，趣味隐藏在计算之中。而且，对于作图本身，如果使用古希腊时代的方法相当麻烦，而使用复数会变得简单很多。

高斯作正十七边形

"1796 年 3 月 30 日早晨，19 岁的高斯在睁眼起床的霎那间想出了正十七边形的作图方法"（高木贞治《近世数学史谈》，岩波文库）。准确地说，除了正十七边形，高斯还同时发现可以对正 257 边形、正 66537 边形作图。自毕达哥拉斯以来睽违 2000 年的记录得以更新，正苦恼是专注物理研究还是专注数学研究的高斯，以这个发现为契机决意走上研究数学的道路（但在此之后，高斯就职天文台台长，也从事测量和磁场等方面的研究）。

证明可以对正十七边形进行作图的关键，是 $\cos\dfrac{360°}{17}$ 可以用如下式子表示。

$$\cos\frac{360°}{17} = \frac{-1+\sqrt{17}+\sqrt{34-2\sqrt{17}}}{16} + \frac{2\sqrt{17+3\sqrt{17}-\sqrt{34-2\sqrt{17}}-2\sqrt{34+2\sqrt{17}}}}{16}$$

省略正十七边形的具体作图顺序，可以通过尺和圆规作图来进行长度的加减乘除及平方根。比如，

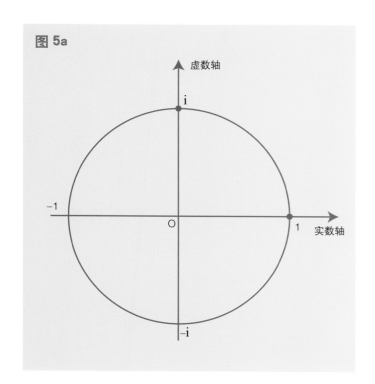

图 5a

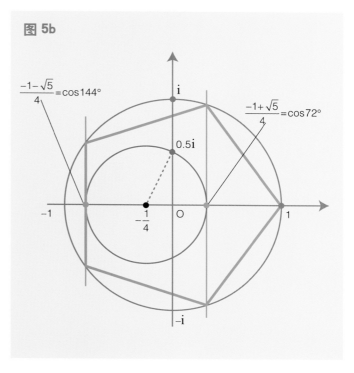

图 5b

$\dfrac{-1-\sqrt{5}}{4} = \cos 144°$

$\dfrac{-1+\sqrt{5}}{4} = \cos 72°$

要做长度为 r 的平方根，可以如下进行（图6）。取长度为 $1+r$ 的线段 AC，在线段 AC 上取点 B，使 AB = 1，BC = r。以 AC 为直径作圆，在点 B 作 AC 的垂线，垂线与圆的交点设为 D。这样一来，线段 BD 长度就是 $\sqrt{r}$。

其实，在此时根据圆周角定理，∠ADC 为直角。因此，三角形 ABD 和三角形 DBC 相似。所以 AB：BD=BD：BC，也就是 1:BD=BD:r，则 $BD^2 = r$，因此线段 BD 的长度为 $\sqrt{r}$。

利用这点如果可以对 $\cos\dfrac{360°}{17}$

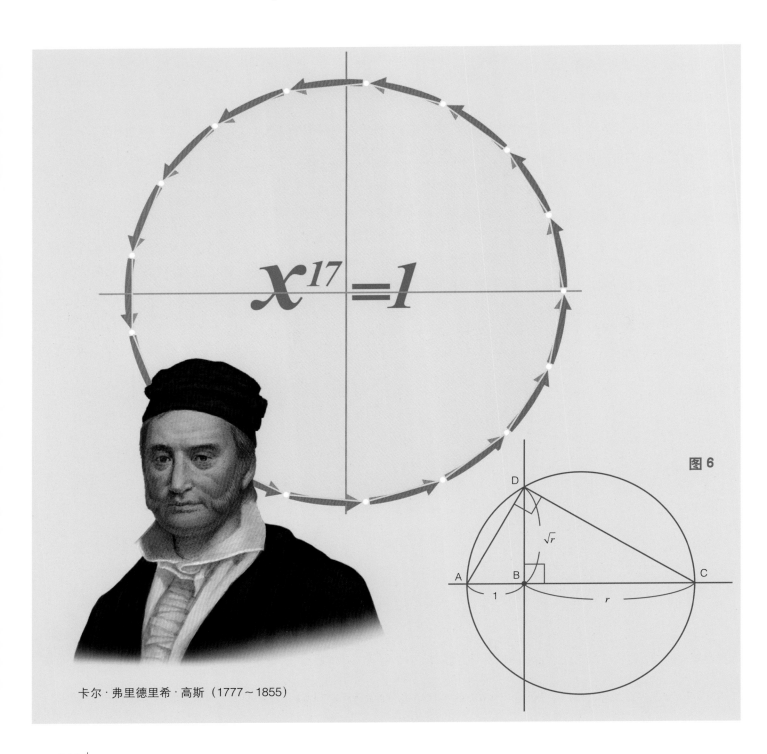

图 6

卡尔·弗里德里希·高斯（1777～1855）

的长度进行作图，可以对内接半径为 1 的圆的正十七边形的一边上的顶点进行作图，然后重复这个长度就可以对正十七边形整体作图了。

高斯对于 $\frac{360°}{257}$ 和 $\frac{360°}{65537}$ 先不论具体标记，根据数论的理论证明了这些值可以像上面一样通过整数四则运算及平方根来表示。

最后，让我们来看不同长方形的长宽比。你认为黄金比例的长方形最美吗，还是认为电视机画面的尺寸最美？

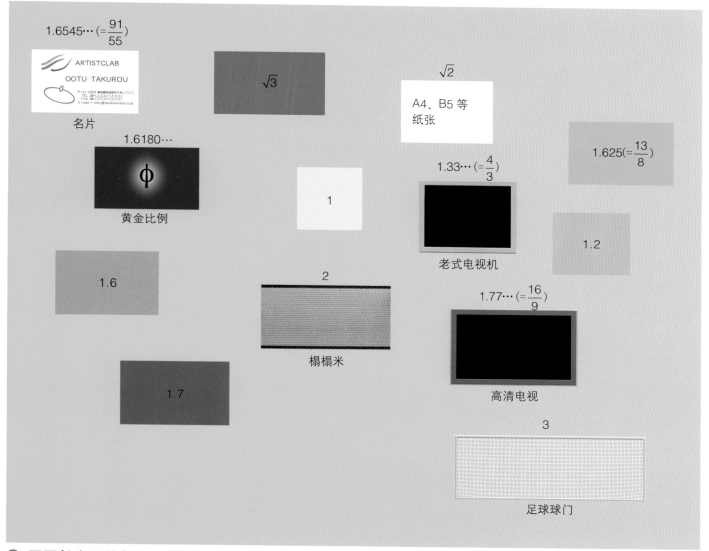

⊙ 不同长方形的长宽比

图中数字表示的是当宽为 1 时的长度，各个长方形对应第 109 页中展示的长方形，其中展示了几个具有某种长宽比的具体案例。

人类至宝 欧拉公式

深入研究虚数的瑞士天才数学家欧拉（第46页）发现了虚数"担任主角"的重要公式——"欧拉公式"。这个公式在物理学的很多领域中都是必要的公式，是解开自然界奥秘不可或缺的"钥匙"。美国著名物理学家理查德·费曼曾说过"This is our jewel"（这是人类的至宝）。在本章中将详细介绍欧拉公式。

注：欧拉公式（$e^{ix}=cosx+isinx$）读作"e 的 ix 次方等于 $cosx$ 加上 $isinx$"。而欧拉恒等式（$e^{i\pi}+1=0$）读作"e 的 $i\pi$ 次方加上 1 等于 0"。

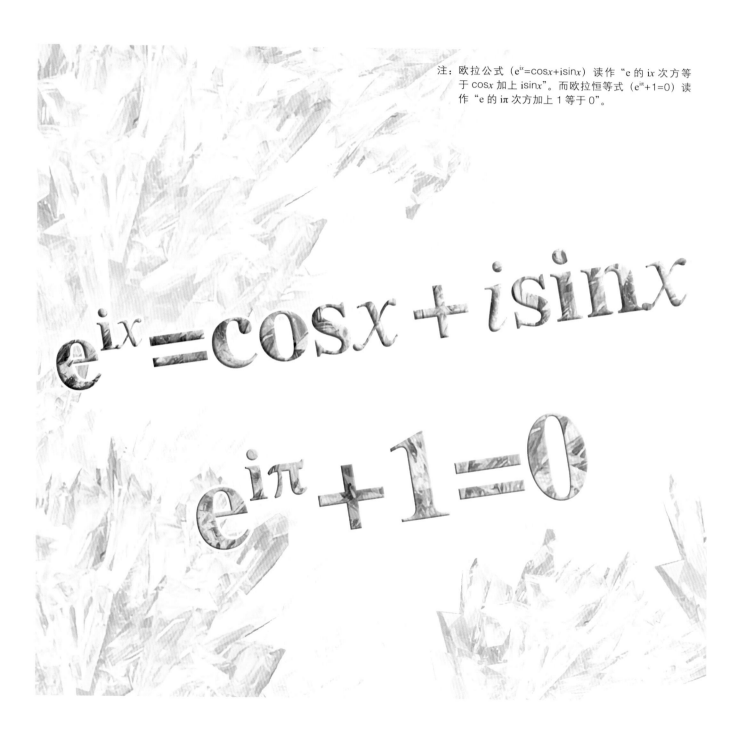

三角函数

世上最美公式诞生于形状似"波形"的"三角函数"

世上最美公式"欧拉恒等式"($e^{i\pi}+1=0$)有一个"母公式",即被称为"欧拉公式"的"$e^{ix}=\cos x+i\sin x$"。欧拉恒等式可以通过以 π 代替欧拉公式的 x 而得出。

我们会在后文对欧拉公式做详细说明,在此先对公式中出现的 $\sin x$ 和 $\cos x$ 做一个说明。

$\sin x$ 和 $\cos x$ 也被称为"三角函数"。在高中阶段,我们通过直角三角形学过三角函数,但在这里,只要记住三角函数的曲线可以画成左页图

三角函数的曲线是自然界的波的形状

欧拉公式中含有三角函数 $\sin x$ 和 $\cos x$。"$y=\sin x$"的曲线(A)与"$y=\cos x$"的曲线(B)呈波形,这与自然界中的音波、光波等(C)形状相似。

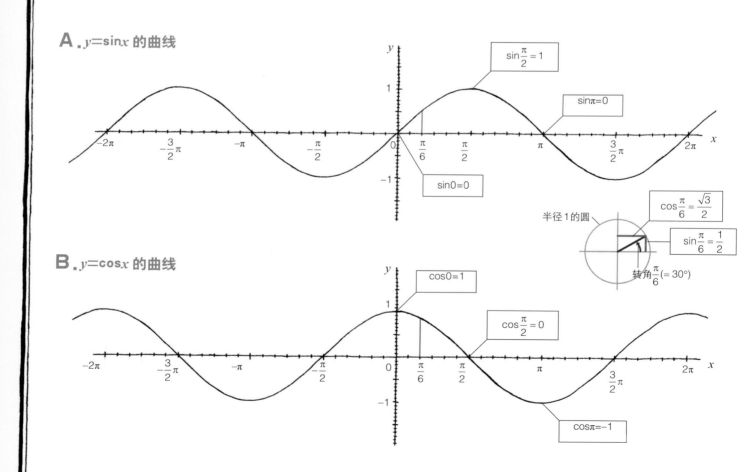

欧拉公式 $$e^{ix}=\cos x+i\sin x$$

A. $y=\sin x$ 的曲线

$\sin\frac{\pi}{2}=1$

$\sin\pi=0$

$\sin 0=0$

$\cos\frac{\pi}{6}=\frac{\sqrt{3}}{2}$

半径1的圆

$\sin\frac{\pi}{6}=\frac{1}{2}$

转角$\frac{\pi}{6}$(= 30°)

B. $y=\cos x$ 的曲线

$\cos 0=1$

$\cos\frac{\pi}{2}=0$

$\cos\pi=-1$

那样就可以了。"$y=\sin x$" 与 "$y=\cos x$" 的曲线形状是完全一致的。只是在 x 轴方向上错开了 "$\dfrac{\pi}{2}$"。

三角函数是以数学的方式处理波形的必备

那么，你是否觉得 $\sin x$ 和 $\cos x$ 的曲线与水面形成的波浪或绳子的波形相似？实际上，包括声波、光波、地震波等在内，自然界的"波"基本都可以用与 $\sin x$ 和 $\cos x$ 曲线相似的形状来表示（严格地说，可以用波长与振幅等不同的许多 $\sin x$ 和 $\cos x$ 组合起来表示）。因此，三角函数是用数学的方式表示自然界的波时所必需的函数。

欧拉公式和欧拉恒等式是物理学中非常重要且方便的公式。因为在这背后有一个事实，即"自然界的波，可以用三角函数来表示"。

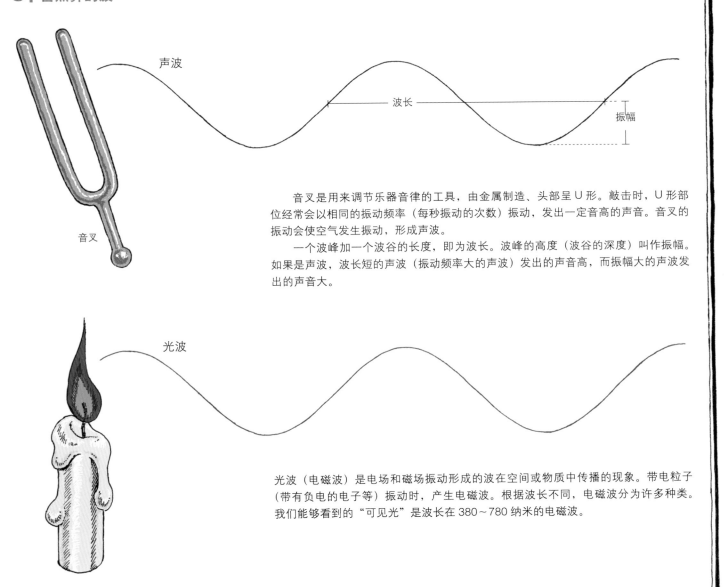

C. 自然界的波

声波

波长

振幅

音叉

音叉是用来调节乐器音律的工具，由金属制造、头部呈 U 形。敲击时，U 形部位经常会以相同的振动频率（每秒振动的次数）振动，发出一定音高的声音。音叉的振动会使空气发生振动，形成声波。

一个波峰加一个波谷的长度，即为波长。波峰的高度（波谷的深度）叫作振幅。如果是声波，波长短的声波（振动频率大的声波）发出的声音高，而振幅大的声波发出的声音大。

光波

光波（电磁波）是电场和磁场振动形成的波在空间或物质中传播的现象。带电粒子（带有负电的电子等）振动时，产生电磁波。根据波长不同，电磁波分为许多种类。我们能够看到的"可见光"是波长在 380~780 纳米的电磁波。

指数函数与三角函数变身为只使用整数的"完美公式"

实际上，指数函数 e^x、三角函数 $\sin x$ 和 $\cos x$ 等函数可以用只包含 x、x 的乘方（对 x 进行多次乘法计算）和常数的多项式来表示。不单是多项式，如下所示，而是项数无限多的多项式。

像这样，用项数无限多的多项式来表示某个函数，叫作"泰勒展开式"（下面的多项式属于泰勒展开式的特殊情况，也被称为"麦克劳林展开式"）。

e^x、$\sin x$、$\cos x$ 展开后非常相似

请仔细观察下面的算式。是

---

e^x、$\sin x$、$\cos x$ 的泰勒展开式

A. 指数函数 e^x 的泰勒展开式

$$e^x = 1 + \frac{x}{1} + \frac{x^2}{1 \times 2} + \frac{x^3}{1 \times 2 \times 3} + \frac{x^4}{1 \times 2 \times 3 \times 4}$$

B. 三角函数 $\sin x$ 的泰勒展开式

分子为 x 的 p 次方，即 x^p（p 为奇数）

每项前面的符号是 + 与 − 交替变换

$$\sin x = \frac{x}{1} - \frac{x^3}{1 \times 2 \times 3} + \frac{x^5}{1 \times 2 \times 3 \times 4 \times 5} - \frac{x^7}{1 \times 2 \times 3 \times 4 \times 5 \times 6 \times 7}$$

分母为小于等于奇数 p 的所有自然数的乘积（p 的阶乘）

C. 三角函数 $\cos x$ 的泰勒展开式

$$\cos x = 1 - \frac{x^2}{1 \times 2} + \frac{x^4}{1 \times 2 \times 3 \times 4} - \frac{x^6}{1 \times 2 \times 3 \times 4 \times 5 \times 6}$$

不是觉得很美？e^x 的泰勒展开式（等号右侧）使用的是整数，非常规则。

$\sin x$ 的泰勒展开式与 e^x 的泰勒展开式相似，但前者只包含 x 的奇数次方项，没有 x 的偶数次方项。而且，各项前面的 +、− 符号是交替变换的。

相反，$\cos x$ 的泰勒展开式只包含 1 和 x 的偶数次方项，没有奇数次方项。各项前面的 +、− 符号交替变换，这与 $\sin x$ 的情况一致。

高中数学课上学习 e^x、$\sin x$、$\cos x$ 时，大家可能会认为，"原来数学家就是创造'特殊函数'的人啊"。而实际上，这些函数是可以用只包含整数、既规则又完美的公式来表示的。可以说，这里隐藏着数字的神秘。

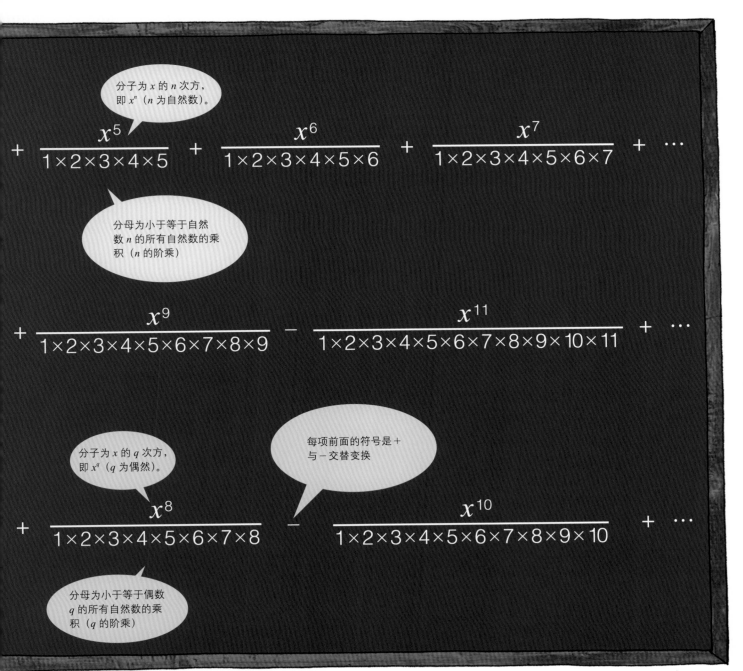

各项依次相加，两条曲线相近

我 认为，即使大家看了前页的泰勒展开式，可能也会有很多人不能接受。那我们通过曲线，来形象地看一下 e^x 的泰勒展开式（下面重新标记）左右两边相等的事实。

$$e^x = 1 + \frac{x}{1} + \frac{x^2}{1\times2} + \frac{x^3}{1\times2\times3} + \frac{x^4}{1\times2\times3\times4}$$
$$+ \frac{x^5}{1\times2\times3\times4\times5} + \frac{x^6}{1\times2\times3\times4\times5\times6}$$
$$+ \frac{x^7}{1\times2\times3\times4\times5\times6\times7} + \cdots$$

▌ 如果项数无限增加，会变得完全一致

右图中的红线表示的是上面等式左边 "$y=e^x$" 的曲线。

蓝线表示的是在 e^x 的泰勒展开式中，项数依次增加时的曲线。即

$$"y = 1" \rightarrow "y = 1+\frac{x}{1}" \rightarrow "y = 1+\frac{x}{1}+\frac{x^2}{1\times2}"$$
$$\rightarrow "y = 1+\frac{x}{1}+\frac{x^2}{1\times2}+\frac{x^3}{1\times2\times3}"$$
$$\rightarrow "y = 1+\frac{x}{1}+\frac{x^2}{1\times2}+\frac{x^3}{1\times2\times3}+\frac{x^4}{1\times2\times3\times4}"$$

从图中可以直观地看出，随着项数的增加，曲线越来越接近 e^x 的曲线。实际上，如果右边的项数无限增加，左边和右边将会变得完全一致，这个事实以数学的方式得到了确认。

前页中的 $\sin x$ 的泰勒展开式和 $\cos x$ 的泰勒展开开式也是同样。在这里没有介绍其曲线，但随着右边项数的增加，右边的曲线会逐渐接近左边的曲线（前文介绍的 $y=\sin x$ 和 $y=\cos x$ 的曲线）。

直观地观察 e^x 的泰勒展开式

红线是 $y = e^x$ 的曲线。蓝线是在 e^x 的泰勒展开式中，项数依次增加时的曲线。可以看出，随着项数增加会越来越接近 $y = e^x$ 的曲线（箭头）。

-3   -2.5   -2   -1.5   -1

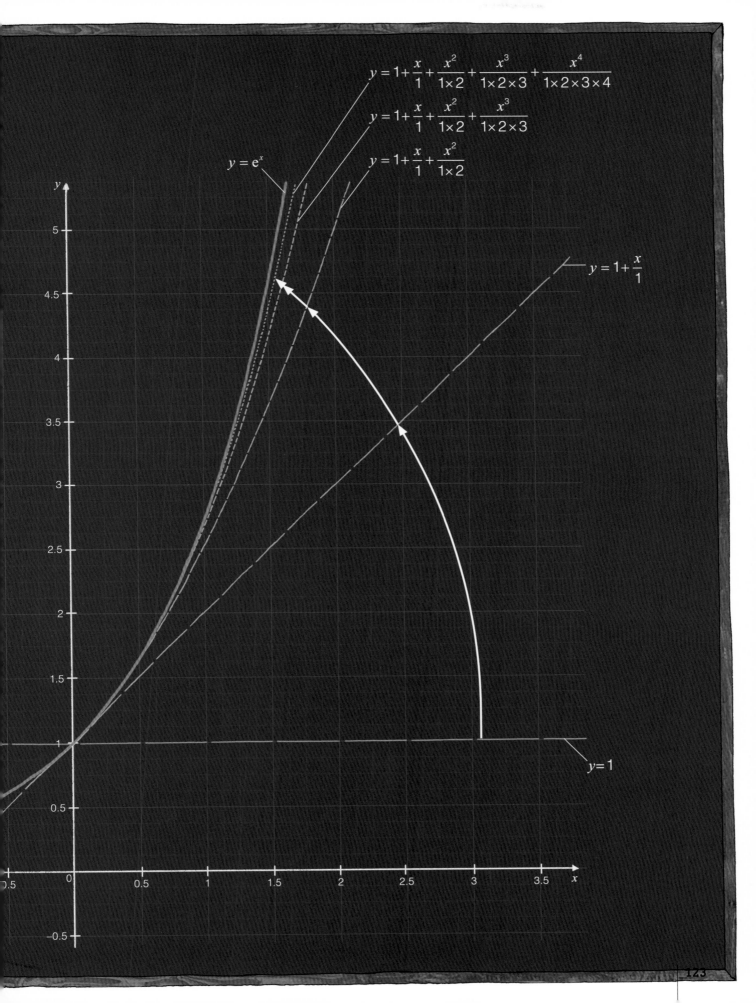

$$y = 1 + \frac{x}{1} + \frac{x^2}{1 \times 2} + \frac{x^3}{1 \times 2 \times 3} + \frac{x^4}{1 \times 2 \times 3 \times 4}$$

$$y = 1 + \frac{x}{1} + \frac{x^2}{1 \times 2} + \frac{x^3}{1 \times 2 \times 3}$$

$$y = 1 + \frac{x}{1} + \frac{x^2}{1 \times 2}$$

$$y = e^x$$

$$y = 1 + \frac{x}{1}$$

$$y = 1$$

欧拉恒等式中出现的 "虚数次方" 是什么？

看 到欧拉恒等式（$e^{i\pi}+1=0$），许多人感到疑惑的是 "$e^{i\pi}$"（e 的 $i\pi$ 次方）部分吧。$i\pi$ 是虚数，一个数的虚数次方是什么意思呢？

首先，将 $x=i$ 代入 e^x 的泰勒展开式中（下方的等式）。等式的左边变为 e^i，不能再继续计算下去了，但右边可以计算。例如，

右边如果计算到第七项，就变成 $\dfrac{389}{720}+\dfrac{101}{120}i$ [※]。这只能是一个近似值，如果右边项数无限多，我

---

e^i、$\sin i$ 和 $\cos i$ 的计算

将 $x=i$ 代入 e^x 的泰勒展开式中可以计算出 e^i（A），$\sin i$ 和 $\cos i$ 可以通过同样方法计算得出（B、C）。

A. e^i 的计算

e^x 的泰勒展开式

$$e^x = 1 + \frac{x}{1} + \frac{x^2}{1\times2} + \frac{x^3}{1\times2\times3} + \frac{x^4}{1\times2\times3\times4} + \frac{x^5}{1\times2\times3\times4\times5} + \frac{x^6}{1\times2\times3\times4\times5\times6} + \cdots$$

将 "$x=i$" 代入 e^x 的泰勒展开式中

$$e^i = 1 + \frac{i}{1} + \frac{i^2}{1\times2} + \frac{i^3}{1\times2\times3} + \frac{i^4}{1\times2\times3\times4} + \frac{i^5}{1\times2\times3\times4\times5} + \frac{i^6}{1\times2\times3\times4\times5\times6} + \cdots$$

右边计算到第七项（到第七项的和记为 e^i_7）

$$e^x_7 = \frac{389}{720} + \frac{101}{120}i$$

们计算的结果就会无限接近正确的值。

于是数学家决定，"把 $x=i$ 代入 e^x 的泰勒展开式所得的结果即为 e^i 的定义"。本来指数函数应该只能用于实数，但使用泰勒展开之后，范围"扩大"了，还可以用于虚数。

在 $\sin i$ 和 $\cos i$ 中，与 e^i 情况一样。将 $x=i$ 分别代入 $\sin x$ 的泰勒展开式和 $\cos x$ 的泰勒展开式中，这就是 $\sin i$ 和 $\cos i$ 的定义（右页下方的等式）。也就是说，使用了泰勒展开式，三角函数的应用范围"扩大"至虚数。

※ 以 "$a+bi$"（a 和 b 是实数，i 是虚数单位）的形式出现的数字叫作"复数"。

复数是指用复数的单位组成的数。复数的单位是实数单位"1"和虚数单位"i"。1 的 a 倍中的 a 叫作"实数部分"，i 的 b 倍中的 b 叫作"虚数部分"。

实数与虚数都可以用复数来表示。虚数部分为 0 的复数（$b=0$ 的复数）为实数，虚数部分不等于 0 的复数（$b \neq 0$ 的复数）为虚数。

B. $\sin i$ 的计算

$\sin x$ 的泰勒展开式

$$\sin x = \frac{x}{1} - \frac{x^3}{1\times2\times3} + \frac{x^5}{1\times2\times3\times4\times5} - \frac{x^7}{1\times2\times3\times4\times5\times6\times7} + \frac{x^9}{1\times2\times3\times4\times5\times6\times7\times8\times9} - \cdots$$

将 "$x=i$" 代入 $\sin x$ 的泰勒展开式中

$$\sin i = \frac{i}{1} - \frac{i^3}{1\times2\times3} + \frac{i^5}{1\times2\times3\times4\times5} - \frac{i^7}{1\times2\times3\times4\times5\times6\times7} + \frac{i^9}{1\times2\times3\times4\times5\times6\times7\times8\times9} - \cdots$$

右边计算到第五项（到第五项的和记为 $\sin i_5$）

$$\sin i_5 = \frac{426457}{362880} i$$

C. $\cos i$ 的计算

$\cos x$ 的泰勒展开式

$$\cos x = 1 - \frac{x^2}{1\times2} + \frac{x^4}{1\times2\times3\times4} - \frac{x^6}{1\times2\times3\times4\times5\times6} + \frac{x^8}{1\times2\times3\times4\times5\times6\times7\times8} - \cdots$$

将 "$x=i$" 代入 $\cos x$ 的泰勒展开式中

$$\cos i = 1 - \frac{i^2}{1\times2} + \frac{i^4}{1\times2\times3\times4} - \frac{i^6}{1\times2\times3\times4\times5\times6} + \frac{i^8}{1\times2\times3\times4\times5\times6\times7\times8} - \cdots$$

右边计算到第五项（到第五项的和记为 $\cos i_5$）

$$\cos i_5 = \frac{6913}{4480} i$$

看上去截然不同的指数函数与三角函数存在隐秘的关联

这次，我们把 $x=ix$ 代入 e^x 的泰勒展开式（下面的公式）。然后，将 1 与 x 的偶次方项、x 的奇次方项分开。再使用 $\sin x$ 的泰勒展开式和 $\cos x$ 的泰勒展开式，就可以导出欧拉公式 "$e^{ix}=\cos x+i\sin x$" 了。

在这里，让我们重新看一下欧拉公式。这个公式把指数函数和三角函数这两个曲线形状完全不同的函数，以 i 为 "桥梁" 结合在了一起，这个事实让人震惊。欧拉通过

让我们来推导一下欧拉公式与欧拉恒等式

将 $x=ix$ 代入 e^x 的泰勒展开式可以得出欧拉公式（A）。
将 $x=\pi$ 代入欧拉公式中可以得出欧拉恒等式（B）。

A. 推导欧拉公式

e^x 的泰勒展开式

$$e^x = 1 + \frac{x}{1} + \frac{x^2}{1\times2} + \frac{x^3}{1\times2\times3} + \frac{x^4}{1\times2\times3\times4} + \frac{x^5}{1\times2\times3\times4\times5} + \frac{x^6}{1\times2\times3\times4\times5\times6} + \frac{x^7}{1\times2\times3\times4\times5\times6\times7} + \cdots$$

将 "$x=ix$" 代入 e^x 的泰勒展开式中

$$e^{ix} = 1 + \frac{ix}{1} + \frac{(ix)^2}{1\times2} + \frac{(ix)^3}{1\times2\times3} + \frac{(ix)^4}{1\times2\times3\times4} + \frac{(ix)^5}{1\times2\times3\times4\times5} + \frac{(ix)^6}{1\times2\times3\times4\times5\times6} + \frac{(ix)^7}{1\times2\times3\times4\times5\times6\times7} + \cdots$$

右边整理后得出

$$e^{ix} = 1 + \frac{ix}{1} + \frac{(ix)^2}{1\times2} + \frac{(ix)^3}{1\times2\times3} + \frac{(ix)^4}{1\times2\times3\times4} + \frac{(ix)^5}{1\times2\times3\times4\times5} + \frac{(ix)^6}{1\times2\times3\times4\times5\times6} + \frac{(ix)^7}{1\times2\times3\times4\times5\times6\times7} + \cdots$$

$$= 1 + \frac{ix}{1} + \frac{i^2x^2}{1\times2} + \frac{i^3x^3}{1\times2\times3} + \frac{i^4x^4}{1\times2\times3\times4} + \frac{i^5x^5}{1\times2\times3\times4\times5} + \frac{i^6x^6}{1\times2\times3\times4\times5\times6} + \frac{i^7x^7}{1\times2\times3\times4\times5\times6\times7} + \cdots$$

$$= 1 + \frac{ix}{1} + \frac{i^2\times x^2}{1\times2} + \frac{i^2\times ix^3}{1\times2\times3} + \frac{i^2\times i^2\times x^4}{1\times2\times3\times4} + \frac{i^2\times i^2\times ix^5}{1\times2\times3\times4\times5} + \frac{i^2\times i^2\times i^2\times x^6}{1\times2\times3\times4\times5\times6} + \frac{i^2\times i^2\times i^2\times ix^7}{1\times2\times3\times4\times5\times6\times7} + \cdots$$

$$= 1 + \frac{ix}{1} + \frac{(-1)\times x^2}{1\times2} + \frac{(-1)\times ix^3}{1\times2\times3} + \frac{(-1)\times(-1)\times x^4}{1\times2\times3\times4} + \frac{(-1)\times(-1)\times ix^5}{1\times2\times3\times4\times5} + \frac{(-1)\times(-1)\times(-1)\times x^6}{1\times2\times3\times4\times5\times6} + \frac{(-1)\times(-1)\times(-1)\times ix^7}{1\times2\times3\times4\times5\times6\times7} + \cdots$$

$$= 1 + \frac{ix}{1} - \frac{x^2}{1\times2} - \frac{ix^3}{1\times2\times3} + \frac{x^4}{1\times2\times3\times4} + \frac{ix^5}{1\times2\times3\times4\times5} - \frac{x^6}{1\times2\times3\times4\times5\times6} - \frac{ix^7}{1\times2\times3\times4\times5\times6\times7} + \cdots$$

（接右上）

使用 i 发现了指数函数与三角函数之间隐秘的关联。

通过欧拉公式推导出欧拉恒等式

高中数学中要求记住的三角函数公式有很多，由此也可以得知，三角函数是一种比较复杂的函数。例如，如果把 $y=\sin x$ 进行微分，就变成 $y=\cos x$，把 $y=\cos x$ 微分后就变成 $y=-\sin x$，无论怎样计算都比较麻烦。

但指数函数相对比较简单。具有代表性的就是前面介绍的，"将 $y=e^x$ 微分后也是 $y=e^x$，保持不变"。因此，不去计算三角函数，取而代之，我们使用欧拉公式去计算指数函数，这样问题相对会简单很多。可以说，这也是数学家和物理学家将欧拉公式看作珍宝的主要原因。

最后，我们把 $x=\pi$ 代入欧拉公式中看一下（下面的公式）。因为 $\cos\pi$ 等于 -1，$\sin\pi=0$，所以在这里可以推导出欧拉恒等式 "$e^{i\pi}+1=0$"。

欧拉发现了"指数函数与三角函数""e、i 与 π"这些看似没有任何关系的函数和数字之间隐秘的关联。正是这种不可思议的、神秘的关联性，让许多科学家和数学家感觉到了"美"。

（接左下）

把整理之后右边的"1 与 x 的偶次方项"与"x 的奇次方项"分开

$$e^{ix}= 1 + \frac{ix}{1} - \frac{x^2}{1\times2} - \frac{ix^3}{1\times2\times3} + \frac{x^4}{1\times2\times3\times4} + \frac{ix^5}{1\times2\times3\times4\times5} - \frac{x^6}{1\times2\times3\times4\times5\times6} - \frac{ix^7}{1\times2\times3\times4\times5\times6\times7} + \cdots$$

$$= \left(1 - \frac{x^2}{1\times2} + \frac{x^4}{1\times2\times3\times4} - \frac{x^6}{1\times2\times3\times4\times5\times6} + \cdots\right) + \left(\frac{ix}{1} - \frac{ix^3}{1\times2\times3} + \frac{ix^5}{1\times2\times3\times4\times5} - \frac{ix^7}{1\times2\times3\times4\times5\times6\times7} + \cdots\right)$$

$$= \left(1 - \frac{x^2}{1\times2} + \frac{x^4}{1\times2\times3\times4} - \frac{x^6}{1\times2\times3\times4\times5\times6} + \cdots\right) + i\left(\frac{x}{1} - \frac{x^3}{1\times2\times3} + \frac{x^5}{1\times2\times3\times4\times5} - \frac{x^7}{1\times2\times3\times4\times5\times6\times7} + \cdots\right)$$

$$1 - \frac{x^2}{1\times2} + \frac{x^4}{1\times2\times3\times4} - \frac{x^6}{1\times2\times3\times4\times5\times6} + \cdots \quad \text{是 } \cos x \text{ 的泰勒展开式}$$

$$\frac{x}{1} - \frac{x^3}{1\times2\times3} + \frac{x^5}{1\times2\times3\times4\times5} - \frac{x^7}{1\times2\times3\times4\times5\times6\times7} + \cdots \quad \text{是 } \sin x \text{ 的泰勒展开式}$$

所以 $e^{ix}= \cos x + i\sin x$ $\cdots$ 　欧拉公式

B. 推导欧拉恒等式

把"$x=\pi$"代入欧拉公式，

$$\text{以 } e^{i\pi} = \cos\pi + i\sin\pi$$
$$= -1 + i\times0$$
$$= -1$$

所以

$$e^{i\pi}+1=0 \quad \cdots \quad \text{欧拉恒等式}$$

数学界的"三大选手"π、i、e 是什么？

欧 拉恒等式中出现的圆周率π、虚数单位 i 和纳皮尔常数 e，可谓数学界"三大选手"，它们会出现在数学的很多场合。要想感受欧拉恒等式的美妙，我们需要知道π、i、e 截然不同的"出身"。

π 诞生于圆，是圆的周长与直径之比。π = 3.141592…，是小数点之后无限不循环的"无理数"。

i 诞生于方程式求解，是二次方后为 –1 的数。二次方后为负数的数不是实数，是虚数。i 是最单纯的虚数，也是虚数的单位，所以被称为"虚数单位"。

▌e 诞生于金钱的计算

e 一般称为自然常数，是 "$(1+\frac{1}{n})^n$" 算式中的 n 变无限大后的数（极限值）。e=2.718281…，是小数点之后无限不循环的无理数。

这个 e 是计算存在银行的钱（存款）时诞生的数字。实际上，$(1+\frac{1}{n})^n$ 也是计算存款金额的算式[※1]。假设最初的存款金额为 1，年利息是 1，1 年后存款为 2。若 1 年内分 n 段计息，$\frac{1}{n}$ 是 $\frac{1}{n}$

π、i、e 看上去没有关联

π 诞生于圆（A），i 诞生于方程式求解（B），e 诞生于金钱计算（C）。看上去，这三个数之间似乎没有任何关联。下面的插图是通过符号和图案显示了这三个数的发现和使用情况。

A. 圆周率 π

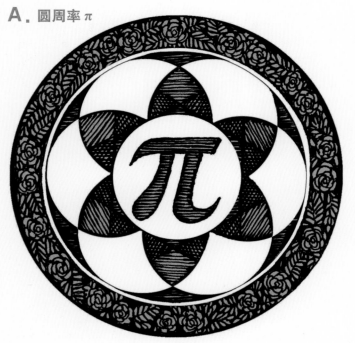

π=3.141592…

半径为 r 的圆

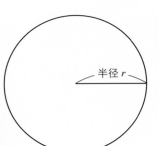

半径 r

圆周长 = 直径 ×π
= 2πr

圆的面积 =π× 半径的二次方
=πr²

半径为 r 的球

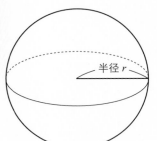

半径 r

球的表面积 = 4×π× 半径的二次方
= 4πr²

球的体积 = $\frac{4}{3}$ ×π× 半径的三次方
= $\frac{4}{3}$πr³

圆周率 π 是圆的周长与圆直径的比。

公元前，人们就知道，圆周率似乎是个一定的值。公元前 2000 年左右的巴比伦人认为，圆周率是 "3" 或 "3$\frac{1}{8}$"（3.125）。英国数学家威廉·琼斯（William Jones，1675～1749）最先在 1706 年使用 "π" 来表示圆周率。

年的利息（1年内计算复利※2）。$\frac{1}{n}$ 年之后存款变为 $(1+\frac{1}{n})$ 倍，那么1年后的存款金额就会变为 $(1+\frac{1}{n})^n$。

例如，把 $n=1$ 代入算式，可以计算 $\frac{1}{1}$ 年后存款金额变为 $(1+\frac{1}{1})$ 倍时的金额。1年后的存款就是 $(1+\frac{1}{1})^1$，即2。将 $n=2$ 代入算式，可以计算 $\frac{1}{2}$ 年后存款金额变为 $(1+\frac{1}{2})$ 倍时的金额。1年后的存款就是 $(1+\frac{1}{2})^{2\;※3}$，即2.25。

那么，当 n 变无限大时（计算利息的时间段无限缩短），1年后的存款金额会发生怎样的变化呢？会无限增加吗？计算得出的结果，就是 e。

假设最初的存款金额为1，$\frac{1}{n}$ 年之后的存款变为 $(1+\frac{1}{n})$ 倍，那么当 n 变无限大，1年后的存款就会变为 2.718281…。这意味着，无论计算利息的时间段如何缩短，1年后的存款金额最大也只能是 2.718281…。

※1：据说，1683年，瑞士数学家雅各布·伯努利（Jakob Bernoulli，1654～1705）在使用 $(1+\frac{1}{n})^n$ 时发现了 e。

※2：计算存款金额时，把前一个阶段所产生的利息加入本金再进行计算的方法（对利息部分也进行利息计算的方法），叫作"复利计算"，复利计算所产生的利息叫作"复利"。

※3：$\frac{1}{2}$ 是半年的利息。半年后的存款金额变为 $(1+\frac{1}{2})$ 倍。这半年之后再过半年的存款金额就是 $(1+\frac{1}{2})$ 的 $(1+\frac{1}{2})$ 倍。所以，一年后的存款金额是 $(1+\frac{1}{2})^2$。

B. 虚数单位 i

$$i^2 = -1$$

$$i = \sqrt{-1}$$

虚数单位 i 是二次方后等于 −1 的数，也可以表示为 "$i = \sqrt{-1}$"。

在古希腊和古印度，二次方为负数的数被人们无视。但到了16世纪的意大利，三次方方程求解时需要用到二次方等于负数的数，虚数才被认可。虚数单位的符号"i"是欧拉在1777年开始使用的。

C. 纳皮尔常数 e

$$e = 2.718281\cdots$$

$$(\log_e x)' = \frac{1}{x}$$
$$(e^x)' = e^x$$

注：( )′的意思是对括号内的函数进行"微分"。所谓微分，粗略地说就是求曲线斜率的一种计算。

纳皮尔常数 e 是 $(1+\frac{1}{n})^n$ 算式中 n 变无限大所得的数。

纳皮尔常数中的"纳皮尔"是根据"对数"的发明者——英国数学家约翰·纳皮尔（John Napier，1550～1617）的名字来命名的，现在多称自然常数。所谓对数，是 a 的多少次方等于 x 的数，表示为"$\log_a x$"。

1727年，欧拉开始使用纳皮尔常数的符号"e"。在 a 的位置使用 e 的对数叫做"自然对数"。自然对数的函数"$y=\log_e x$"有一个性质，即如果对其进行微分，就会变成"$y=\frac{1}{x}$"这样简单的形式。而使用 e 的指数函数"$y=e^x$"的性质是，即使对其进行微分，也会保留 $y=e^x$ 形式不变。

引入虚数，揭示三角函数和指数函数之间的关系！

欧拉恒等式（$e^{i\pi}+1=0$）被誉为世界上最美的公式。其中，e 是被称为"自然对数的底"的无理数，π 是圆周率。原本毫无关联的 e 和 π，通过虚数单位 i 联系在一起，出现在同一个等式中。

瑞士的天才数学家莱昂哈德·欧拉（1707～1783）对"无穷级数"进行了深入研究，并由此推导出欧拉公式。无穷级数是指像"1+2+3+4+5+…"或"1+2+4+8+16+…"这样基于某种规则的无穷个数的和。

欧拉专注于把被称为指数函数的 e^x、三角函数 sinx 和 cosx 用无

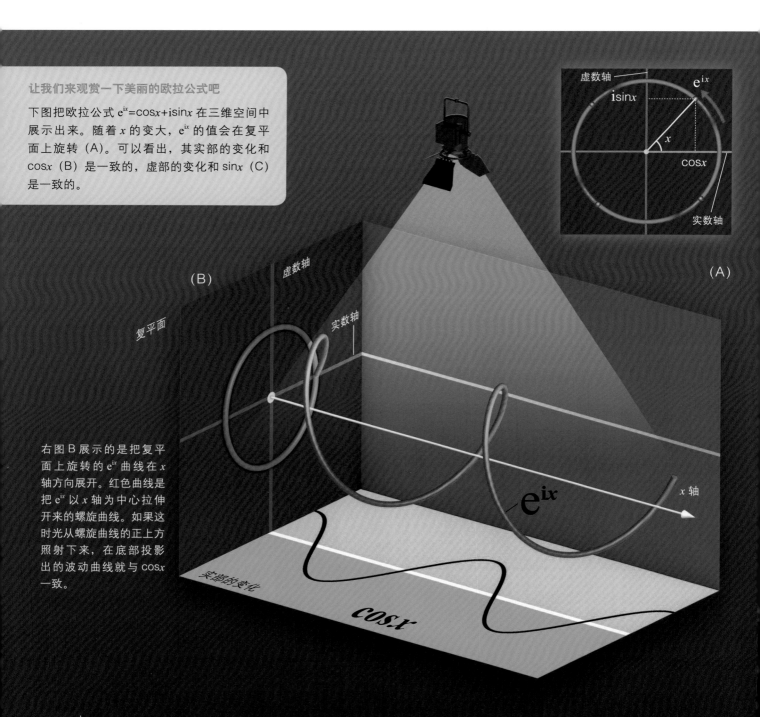

让我们来观赏一下美丽的欧拉公式吧

下图把欧拉公式 $e^{ix}=\cos x+i\sin x$ 在三维空间中展示出来。随着 x 的变大，e^{ix} 的值会在复平面上旋转（A）。可以看出，其实部的变化和 cosx（B）是一致的，虚部的变化和 sinx（C）是一致的。

虚数轴

$i\sin x$

e^{ix}

x

cosx

实数轴

（B）

（A）

复平面

虚数轴

实数轴

右图 B 展示的是把复平面上旋转的 e^{ix} 曲线在 x 轴方向展开。红色曲线是把 e^{ix} 以 x 轴为中心拉伸开来的螺旋曲线。如果这时光从螺旋曲线的正上方照射下来，在底部投影出的波动曲线就与 cosx 一致。

e^{ix}

x 轴

实部的变化

cosx

穷级数的形式展开。欧拉在 e^x 展开的无穷级数里，用 ix 代替了 x，把 e^{ix} 用复数的无穷级数表示出来。随之发现，这个无穷级数的实部就是 $\cos x$ 的无穷级数，虚部就是 $\sin x$ 的无穷级数。也就是说，可以写成 $e^{ix}=\cos x+i\sin x$ 的形式。引入了虚数 i 之后，三角函数竟和指数函数通过一个非常简明的数学公式联系在一起。这个公式就叫作"欧拉公式"。

在欧拉公式中，把 π 代入 x 就能得到 $e^{i\pi}=-1$，简单变形后能得到 $e^{i\pi}+1=0$，即"欧拉恒等式"。

$\sin x$ 和 $\cos x$ 等三角函数是研究波和振动等物理现象时不可或缺的函数。在自然界中，存在着各种各样的波和振动，如光波、声波、电波、地震波等。在含有三角函数的各种计算中，使用欧拉公式会使很多计算变得非常方便。至今，欧拉公式在以光学为首的很多物理学领域中仍然非常重要，为探索大自然的各种机制做出巨大贡献。

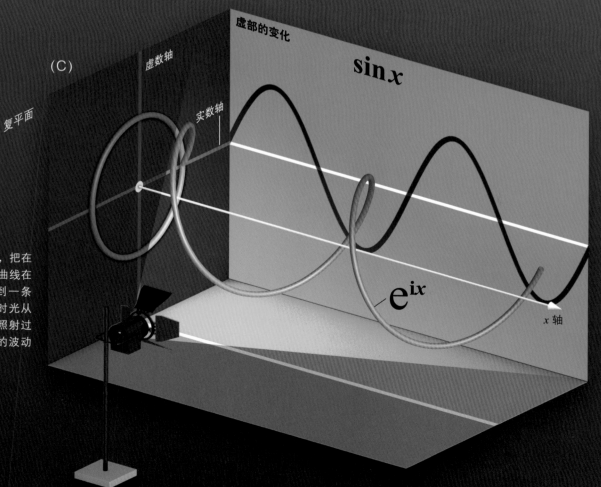

左图 A 示意了把 e^{ix} 描绘在复平面上的曲线。x 对应着 e^{ix} 的辐角（与实数轴正方向所夹的角）。随着 x 的增大，e^{ix} 会在复平面上沿半径为 1 的圆周逆时针旋转。

右图 C 和图 B 一样，把在复平面上旋转的 e^{ix} 曲线在 x 轴方向展开，得到一条螺旋曲线。如果这时光从螺旋曲线的正侧方照射过来，在侧面投影出的波动曲线就与 $\sin x$ 一致。

欧拉公式

$$e^{ix} = \cos x + i\sin x$$

(C)

虚数轴

复平面

实数轴

虚部的变化

$\sin x$

e^{ix}

x 轴

欧拉公式是不可或缺的工具

欧拉公式对现代科学家来说，是不可或缺的"数学工具"。为了感受这种便利，让我们来考虑下面的例题。

例题：复数 $\sqrt{3}+i$ 的五次方是多少?

如果进行普通计算的话，就是 $(\sqrt{3}+i)\times(\sqrt{3}+i)\times(\sqrt{3}+i)\times(\sqrt{3}+i)\times(\sqrt{3}+i)$，过程非常麻烦。

这里欧拉公式"出马"的话，首先把 $\sqrt{3}+i$ 转化为"极坐标形式"。极坐标形式是用 r（复平面上的点与原点的线段长度）和 θ（线段相对于实轴逆时针形成的夹角），以 $r(\cos\theta+i\sin\theta)$ 的形式来表示复数（第 92 页介绍）。r 称为复数的绝对值，θ 称为复数的辐角。

参考第 118 页的图，可知 $\cos 30°=\dfrac{\sqrt{3}}{2}$，$\sin 30°=\dfrac{1}{2}$。利用这个值，可以用以下的极坐标形式来表示复数 $\sqrt{3}+i$。

$$\sqrt{3}+i=2\left(\dfrac{\sqrt{3}}{2}+i\times\dfrac{1}{2}\right)$$
$$=2(\cos 30°+i\sin 30°)$$

这个 $(\cos 30°+i\sin 30°)$ 和欧拉公式的右边是一样的。因此，利用欧拉公式，可以如下写作指数的形式 $r(e^{i\theta})$。

$$\sqrt{3}+i$$
$$=2(\cos 30°+i\sin 30°)$$
$$=2e^{i\times30°}$$

把式子特意写成指数的形式是有理由的，利用复杂的乘法在指数计算中变为加法的优点。比如，$\sqrt{3}+i$ 的五次方，可以进行如下计算。

$$\left(\sqrt{3}+i\right)^5$$
$$=(2e^{i\times30°})^5$$
$$=2^5\times(e^{i\times30°})^5$$
$$=2^5\times e^{(i30°+i30°+i30°+i30°+i30°)}$$
$$=32\times e^{i\times150°}$$

如果再次使用欧拉公式，可以把 $e^{i\times150°}$ 转换为一般复数。

$$e^{i\times150°}=\cos 150°+i\sin 150°$$
$$=-\dfrac{\sqrt{3}}{2}+\dfrac{1}{2}i$$

把这乘以 32，就可以得到例题的答案：$-16\sqrt{3}+16i$

像这样，如果使用欧拉公式，可以使复杂的复数计算转换为轻松的事情。

指数函数相比三角函数操作起来更为简便。不仅是像这里介绍的例题一样把乘法转换为加法，"即使微分后依然不会变化"也是指数函数的重要优点。利用欧拉公式把三角函数转换为指数函数来计算，可以使问题简化。这也是欧拉公式受到数学家和物理学家重视的主要原因。

虚数是现代科学家的必需品

sin 和 cos 等三角函数如第 118 页所示，是了解波和振动的性质所不可欠缺的。自然界中充满了波和振动现象，我们所感受到的光和声音、从发电厂传输到家庭的交流电、便携电话所制造的电波，以及构成我们自身的电子等基本粒子，全都拥有波或振动的性质，所以说自然界被波和振动所支配也不为过。

现在的科学家和工程师理所当然地使用欧拉公式可以使虚数运算能轻松地得到答案。虽然发明虚数的卡尔达诺认为虚数"没有实用的使用方法"，但如今已经完全不是他认为的那样了。

按照频率进行分解

复杂的波
（声波等）

降噪耳机也是欧拉的"馈赠"

在应用欧拉公式而出现的产品中，包括可以减轻周围杂音功能的降噪耳机。

降噪耳机可以测定周围的噪音，在内部迅速发出与噪音相反波形的声音，从而抵消噪音。降噪耳机对测到的噪音产生怎样的波形，利用了以欧拉公式为基础方法的"傅里叶变换"。

降噪耳机是我们身边利用傅里叶变换的一个实例。我们在很多场合都接受着欧拉的"馈赠"。

表示"傅里叶变换"的数学式

$$F(k) = \frac{1}{\sqrt{2\pi}} \int_{-\infty}^{\infty} f(x)\, e^{-ikx}\, dx$$

把复杂的波表示为函数，将这个函数用"傅里叶级数展开"的形式表示，可以分解为简单的波（正弦波和余弦波）。具体求包含了多少这些简单的波的操作称为"傅里叶变换"。上面的数学式$F(k)$就是函数$F(x)$进行傅里叶变换后得到的函数。使用欧拉公式，数学式中的e^{-ikx}可以表示为$\cos kx - i \sin kx$。

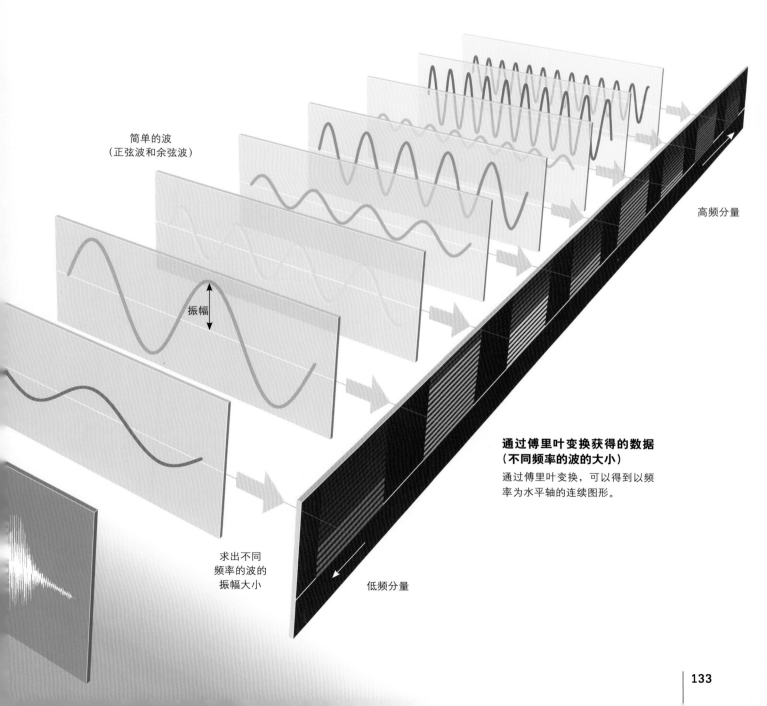

简单的波
（正弦波和余弦波）

振幅

高频分量

通过傅里叶变换获得的数据
（不同频率的波的大小）

通过傅里叶变换，可以得到以频率为水平轴的连续图形。

求出不同
频率的波的
振幅大小

低频分量

三角函数
是什么？

在数学世界中，有几个需要知道的便利"工具"。三角函数可称为其中的代表。

首先让我们从"函数"这个词的说明开始。函数是输入某个数，会返回（得到）相应的一个确定的值的"机器"。比如，输入"机器"的数写作 x，"$2x$"这样的式子就是一个"漂亮的"函数。这个函数如果输入 3（也就是把 3 代入 x），就会得到数字 6。

与此相似，三角函数也是输入一个值，就会得到一个确定的值。只是，代入三角函数的"某个数"通常使用角度来表示，如 45° 和 60°。

三角函数中有一个"sin"，把 18° 或 30° 输入这个函数，就会返回 sin18° 或 sin30°。那么 sin18° 和 sin30° 是如何成为确定值的呢？

正如三角函数之名，三角形"登场"了。考虑 ∠A 为 30°，∠B 为直角的直角三角形 ABC（1）。因为三角形的内角和为 180 度，所以 ∠C 一定为 60°（180°－30°－90°）。三角形的形状是确定的。

这里结合图形，称边 AB 为"底边"，边 BC 为"高"，边 AC 为"斜边"。因为这个三角形无论什么尺寸都相似，所以高和斜边之比（$\frac{BC}{AC}$）与三角形大小无关，而是只与 ∠A 的大小对应。

当 ∠A 为 30° 时，三角形 ABC 正好是把正三角形平分，所以 $\frac{BC}{AC}=2$。当 ∠A 为 45° 时，三角形为直角等腰三角形，所以如果 AB=1，则 BC=1，根据勾股定理，$AC=\sqrt{2}$，因此 $\frac{BC}{AC}=\frac{1}{\sqrt{2}}=\frac{\sqrt{2}}{2}$。

这个"高与斜边之比（$\frac{BC}{AC}$）"正是函数"sin"所得到的值，也就是 $\sin30°=\frac{1}{2}$，$\sin45°=\frac{\sqrt{2}}{2}$。

另外，"底边与斜边之比（$\frac{AB}{AC}$）"是被称为"cos"的三角函数。与 sin 的情况相似，求得 $\cos30°=\frac{\sqrt{3}}{2}$，$\cos45°=\frac{\sqrt{2}}{2}$。

sin 和 cos，以及 tan（tan 为高和底边之比，$\frac{BC}{AB}$）都是具有代表性的三角函数。

基于直角三角形的定义，只能确定角度在 0° 到 90° 之间的 sin 和 cos 值。因为无论三角形大小边之比都是相同的，所以如果确定斜边 AC 长为 1，则 sin 的值就对应 BC 的边长，cos 的值就是 AB 的边长。在这里让我们想象以 A 为中心，长为 1 的线段 AC 不断旋转的样子（2）。

把 A 作为原点，如图作 x 轴，y 轴。从点 C 作 x 轴的垂线，落点称为 $\cos\theta$，向 y 轴作垂线，落点称为 $\sin\theta$ 的话，θ 无论是什么实数，都可以有确定的 $\sin\theta$ 和 $\cos\theta$。也有人将此作为三角函数的定义，这样一来不是从三角形，而是从圆来看，在英语中也有把三角函数（Trigonometric funciton）称为圆函数（Circular function）的情况。

如 2 所示，如果 θ 为实数，那么 $\sin\theta$ 和 $\cos\theta$ 的值就在 −1 到 1 之间。线段 AC 旋转 360° 后

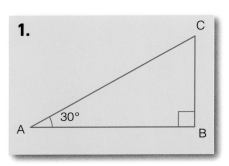

1.

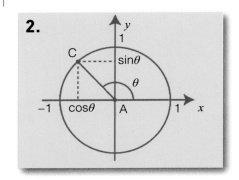

2.

回到原点，因此 $\sin\theta$ 和 $\cos\theta$ 以 360° 为周期，在 −1 和 1 之间反复（参照第 118 页上的图）。

三角函数的使用方法？

之前说到三角函数是便利的数学工具，对了解波和振动的性质是不可或缺的。比如，在考虑以下问题时，也可以发挥三角函数的"威力"。

问题：

你位于北纬 θ 度的地方，测量这个地方到"地球的地轴"的最短距离，长度为地球半径的多少倍？

准确来说，地球并不是完全的球体，形状略微扁平，但为了使问题简化，在这里我们把地球视为完全的球体。地轴是连接北极和南极的直线，经过地球的中心。

实际上，这个问题的答案就是 $\cos\theta$ 倍。如果你在北纬 0 度，也就是在赤道上，距离地轴最短的距离就是地球的半径的 $\cos 0° = 1$ 倍；如果是北纬 60°，则答案为 $\cos 60° = \dfrac{1}{2}$ 倍；北纬 90°，也就是在北极点的情况，为 $\cos 90° = 0$ 倍。因为北极点就是地轴上的点，所以到地轴的最近距离为 0。顺便说一下在日本北海道的北端稚内，是北纬 45°，所以到地轴的距离为 $\cos 45° \approx 0.707$ 倍。从北海道往更北，如俄罗斯的圣彼得堡或挪威的奥斯陆，以及芬兰的赫尔辛基等都约为北纬 60°，这些地方距离地轴的距离大约是赤道到地轴距离的一半。

另一个使三角函数被称为强力工具的是它的加法定理。如果可以分成两个角度的 sin 和 cos 的话，就可以简单计算这两个角度相加所得的角度的 sin 和 cos 值。此处省略证明，公式如下。

加法定理：

$$\sin(a+b)$$
$$= \sin a \cdot \cos b + \cos a \cdot \sin b$$
$$\cos(a+b)$$
$$= \cos a \cdot \cos b - \sin a \cdot \sin b$$

例 如， $\sin 45° = \cos 45° = \dfrac{\sqrt{2}}{2}$， $\sin 30° = \dfrac{1}{2}$， $\cos 30° = \dfrac{\sqrt{3}}{2}$，所以可以计算

$$\sin 75° = \sin(45° + 30°)$$
$$= \dfrac{\sqrt{2}}{2} \cdot \dfrac{\sqrt{3}}{2} + \dfrac{\sqrt{2}}{2} \cdot \dfrac{1}{2}$$
$$= \dfrac{(\sqrt{6} + \sqrt{2})}{4}$$
$$\cos 75° = \cos(45° + 30°)$$
$$= \dfrac{\sqrt{2}}{2} \cdot \dfrac{\sqrt{3}}{2} - \dfrac{\sqrt{2}}{2} \cdot \dfrac{1}{2}$$
$$= \dfrac{(\sqrt{6} - \sqrt{2})}{4}$$

北纬 75° 到地轴的距离为地球半径的 $\dfrac{(\sqrt{6} - \sqrt{2})}{4} = 0.2588 \cdots$ 倍，也就是达到地球半径的约 1/4 以上。顺便在此提一下，北纬 67° 以上地区，是有极昼和极夜的北极圈，把地球仪转一圈，我们也无法在北纬 70° 以上地区找到大城市。

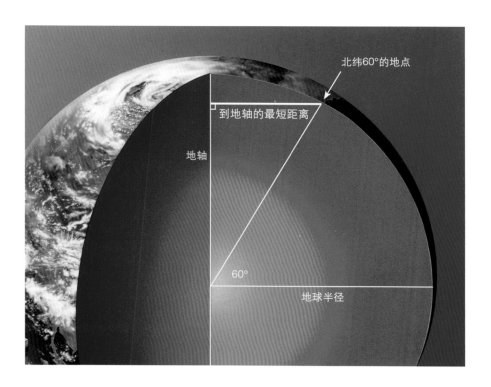

北纬60°的地点

到地轴的最短距离

地轴

60°

地球半径

自然对数的底 e 是什么？

自然对数的底 "e = 2.71…" 究竟是什么数？e 表示为 2.718281828459045… 小数点后无限不循环的小数。像 e 和圆周率 π 那样，无法用整数作为分母和分子的分数表示的数被称为"无理数"。

简单地说明其重要性比较困难，让我们来试着画出 $y = 2^x$ 和 $y = 3^x$ 的图（下图的 1 和 2）来说明。

当 $x = 0$ 时，两者都是 $y = 1$，也就是经过点 (0, 1)，在这个点处作切线，$y = 2^x$ 的斜率约为 0.7，而 $y = 3^x$ 的斜率约为 1.1。

在 2 和 3 之间，正好有一个数 e，在 $y = e^x$ 的 (0, 1) 点处切线的斜率正好为 1。这个 e，正是 2.71828…。

自然对数的底 e 是用来说明自然现象不可或缺的重要常数，令人意外的是，它在银行储蓄的话题中也常被用到。让我们来思考以下例题。

例题： A 银行和 B 银行一年的利率都为 100%。但它们的利率计算有些微差别，选择哪一家对储户才更有利呢？

A 银行： 1 年后的金额为存款及相同金额的利息，合起来变为原来金额的 2 倍。

B 银行： 半年后，存款加上半年的利息，也就是一半存款数额的利息，加起来变为 1.5 倍。一旦结算后，可以再存半年，再次得到一半金额的利息。

答案： B 银行每半年变

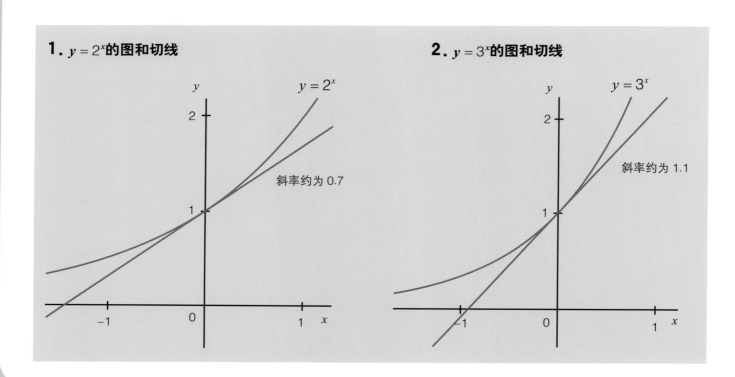

1. $y = 2^x$ **的图和切线**

$y = 2^x$

斜率约为 0.7

2. $y = 3^x$ **的图和切线**

$y = 3^x$

斜率约为 1.1

为 1.5 倍，因此 1 年会变为 1.5×1.5＝2.25 倍。因此，B 银行对储户更有利。

然后，出现了一家竞争对手 C 银行，每三个月清算一次。

C 银行：3 个月（$\frac{1}{4}$ 年）后，存款加上 $\frac{1}{4}$ 的利息，变为 1.25 倍。之后，每三个月清算一次，再变为 1.25 倍。

因为 3 个月变为 1.25 倍，一年重复 4 次，一年后变为 2.44140625 倍，所以 C 银行对储户更加有利。

而 D 银行推出每 1 日进行清算的服务。每天的利息为 $\frac{1}{365}$，每一天变为 $\frac{366}{365}$ 倍。似乎钱会增加很多，经过一年计算变为 2.714567… 倍。

然后又出现 E 银行，每 1 秒进行清算，1 年计算变为 2.71828 倍。这个数字似乎在哪里见过。像这样无限分割后最终的结果就是 e＝2.71828… 这个数。

其实，$y＝e^x$ 的图就是表示瞬间清算情况下金额的增长方式。如下图所示，A 银行的金额图为 $y＝e^x$ 在（0，1）处的切线。B 银行的金额的图从（0，1）出发，半年后沿着切线上升，此处斜率为 1.25，加上半年的利息后的图。C 银行的图为每 3 个月斜率发生变化。分割越细，图像就越接近 $y＝e^x$ 的图。

那么，自然对数的底 e 的"自然对数"，指的是某个数为"e 多少次方后会变成这个数"的次数的值。

要想准确理解 e 的重要性，关于函数和微积分的相关知识是必要的，在这里不进行详细的说明，但要强调的是，"自然现象、实验结果和经济活动等出现的'变化'进行数学分析时，e 这个数发挥了极其重要的作用"。🍎

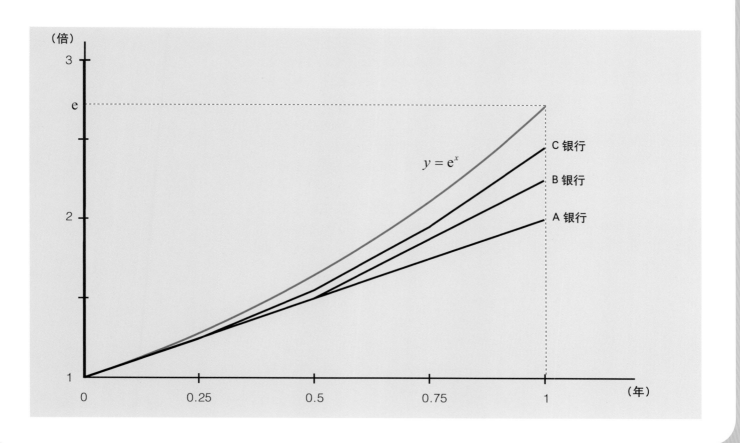

圆周率π
是什么?

用来表示圆周率的"π"取自希腊语"περιμετρο"(perímetros)的首字母。英国数学家威廉·琼斯(1675~1749)最早使用π。圆周率是圆的周长除以直径的值,与圆的大小无关,值是一定的。

直径为 R ,半径为 r 的圆的周长为 c ,他们之间的关系可以表示如下。

$$c = \pi R = 2\pi r$$

圆周率的近似值为"3.14"。但这个值毕竟只是一个近似值,其实是如 3.14159265358979…这样的和自然对数的底"e"相同的无限不循环小数。因为在生活中并不需要用到这么精确的值,所以一般取 3.14 作为 π 的值。

推导出 3.14 这一圆周率近似值的据说是古希腊的学者阿基米德。阿基米德利用与圆内侧和外侧相切的两个正多边形,求出了圆周率的近似值。

因为圆的周长比内接于圆的正多边形的周长大,而比外接圆的正多边形的周长小,所以可以求这两者之间的值为圆周率的近似值。阿基米德利用这个方法,计算正 96 边形的周长,把圆周率精确到 3.14。

日本江户时代的数学家关孝和(1642~1708)用阿基米德的方法,从正 131072 边形的周长把圆周率精确到小数点后 10 位。荷兰数学家鲁道夫·范·科伊伦(1539~1610)计算了正 461168618427387904 边形的周长,把圆周率精确到小数点后 35 位。

之后,更有效率的圆周率计算方法被发现。计算机在 20 世纪出现之后,圆周率的精确率得到了很大提高。利用计算机,π 的精确率已经超过小数点后 2 万亿位,现在用笔记本电脑已经可以计算到小数点后 13.3 万亿位。🍎

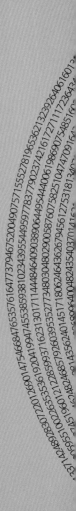

为近代数学奠定基础的
天才数学家欧拉

莱 昂哈德·欧拉在 1707 年出生于瑞士的巴塞尔，他的父亲是一位爱好数学的牧师，教给欧拉数学。但因为父亲期盼欧拉也成为牧师，所以欧拉在巴塞尔大学学习神学和拉丁语。

在巴塞尔大学教授欧拉数学的是约翰·伯努利（1695～1726）和丹尼尔·伯努利（1695～1726），他们兄弟俩和欧拉成了很好的朋友。伯努利家族诞生过多位数学家。

虽然欧拉的父亲忠告他选择成为牧师的道路，但欧拉希望继续研究数学。伯努利家族的人劝说欧拉的父亲，认为欧拉会命中注定地成为大数学家，其父渐渐被说服。

在当时的欧洲，学问的研究中心并非大学，而是国王资助的皇家科学院。伯努利兄弟从 1725 年开始担任俄罗斯圣彼得堡科学院的数学教授，就邀请欧拉到那里。1727 年，欧拉到达圣彼得堡，在丹尼尔·伯努利的安排下，得到了数学部的工作。后来丹尼尔身体不好，于 1733 年回到瑞士，欧拉由此继任数学部的重要职位。

欧拉在圣彼得堡结婚并生育了 13 个孩子，他在数学世界中也算是非常多产的，撰写的论文在桌子上不断地累积起来，因此，连印刷速度都跟不上他的创作。

1741 年，欧拉被腓特烈国王邀请，移居德国柏林。但是，国王喜好哲学，嘲弄厌恶哲学的欧拉。在柏林被嫌弃的欧拉，于 1766 年趁被叶卡捷琳娜二世邀请的机会重新回到圣彼得堡。

即使失明了也继续研究

1735 年左右，欧拉右眼失明。后来又由于为了恢复视力而进行的手术失败，他的左眼也失明了。即使如此，他依然继续研究。

欧拉的工作横跨多领域，首先是撰写教科书。1748 年，他写出关于代数、三角法、微积分学的教科书《无穷分析引论》《微分学原理》（1755）、《积分学原理》（1768～1770）、《寻找具有某种极大或极小性质的曲线的方法》（1744）、《力学》（1736）等教科书，对后世影响很大。

由于解决了后述的两个问题，欧拉也成为"拓扑学（topology）"的创始人。第一个问题是一笔画问题：普鲁士的哥尼斯堡的城镇被河分成四个区域，为了连接这些区域，河上架设了 7 座桥。城镇中流传着"不重复走同一座桥的话，没法走遍所有桥"的说法。听闻这个故事的欧拉，感到其中包含着重要的原理，用式子表达出这个原理，并解出这个问题。

第二个问题是多面体问题，研究这个问题的欧拉证明了"多面体中边数加 2 等于顶点数和面数之和"的多面体定理。这两个问题，无论是图形，还是空间连续发生变化，问题的本质都不变，这个领域的数学就是"拓扑学"。

欧拉做出巨大贡献的"变分学"中有自古以来就被熟知的问

题：在古代城市迦太基中，一个男子被允许可以拥有一天内挖出的沟所围起来的土地所有权。挖出怎样的沟，可以拥有最大的面积呢？转换为数学语言，问题就是拥有相同边长的图形中，什么图形可以拥有最大的面积？答案是圆。欧拉推导出用于研究这类变分学问题的微分方程式。

推导刚体和流体的运动方程式

欧拉对虚数也感兴趣，定义了虚数单位"i"，又在 1748 年发现了被称为"世界上最美妙的数学式"的"欧拉恒等式"（ $e^{i\pi}+1=0$ ）。这个等式是由最基础的自然数"1"、在印度出现的"0"、圆周率"π"，以及虚数单位"i"简洁地组成，每一个都是有着特殊由来的重要的数。

欧拉恒等式是把圆周率 π 代入到欧拉公式（ $e^{ix}=\cos x + i\sin x$ ）中，两边再加 1 所得。

也就是说，欧拉公式表示出在实数世界中没有关系的指数函数和三角函数，实际通过虚数是表里一体的。这个公式是现代科学家在进行很多计算时的"必需品"。

此外，欧拉对牛顿（1643～1727）所推导出的运动方程进行拓展，推导出流体和刚体的运动方程式，发展了牛顿所提出的问题。🍎

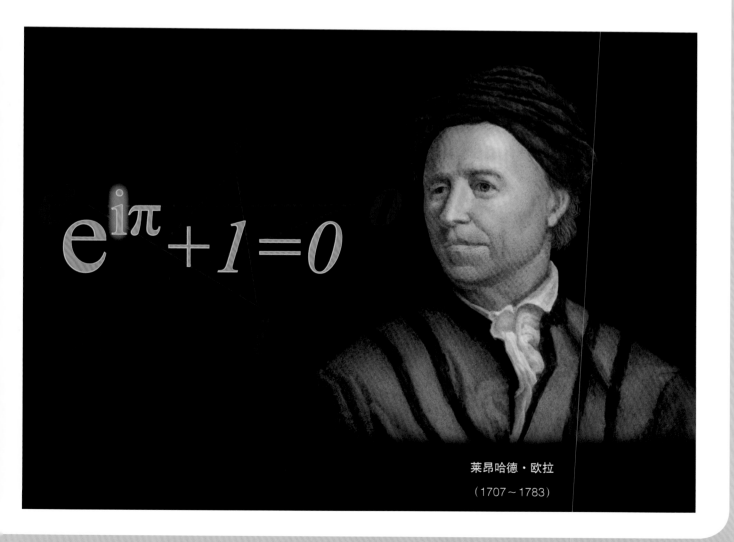

莱昂哈德·欧拉

（1707～1783）

5

虚数和
物理学

虚数对数学的发展起到了很大作用。那么，虚数仅仅在数学世界里出现吗？虚数会出现在我们生活的现实世界中吗？实际上，不仅是数学，在揭示现实世界奥秘的物理学中，虚数也起到很重要的作用。在第5章，让我们来看看虚数和物理学之间不可思议的联系吧！

如果"光的折射率"和"天体的公转周期"是虚数⋯⋯

光、天体与虚数

从玻璃窗照射进来的光，其实也与虚数有关。当光从空气斜射入玻璃时会在分界面发生曲折，也就是发生"折射"现象，而曲折的程度则由"折射率"来决定。

折射率被定义为"介质中的光速 ÷ 真空中的光速"，得到的结果是实数。但是，如果使用"复折射率"，就可以在体现光折射的同时把光被吸收的效果也显示出来。复折射率的实部是传统意义上的折射率，虚部则表示的是光被介质（如玻璃）吸收的部分。

将复折射率中的实部"取"出来，就能得到除去被吸收部分的折射光的强度。在物理学里，常常在计算时使用复数去表示波和振动，然后在取结果时只保留计算结果的实部。

天体会在"虚数年后"再次回到太阳系？

我们再来介绍一个引入虚数的有趣例子。那就是 2017 年在太阳系发现的天体"奥陌陌"。行星和彗星等天体以椭圆轨道绕着太阳转动一周所用的时间叫作"公转周期"。地球的公转周期是一年，哈雷彗星的公转周期大约是 75 年。

被认为是从太阳系外飞来的奥陌陌的运行轨迹不是椭圆轨道，而是"双曲线轨道"。实际上，这样的天体是不可能再次回到太阳附近的。尽管如此，如果非要去计算它的公转周期，得到的结果就会是虚数。

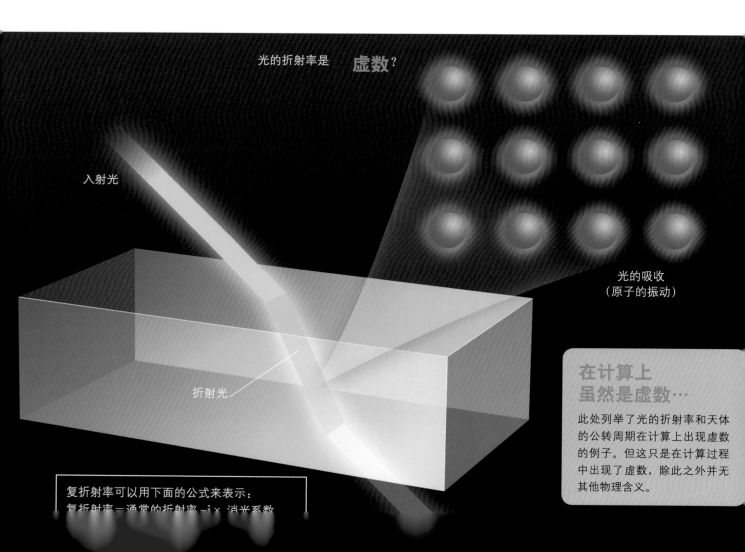

光的折射率是 **虚数**？

入射光

折射光

光的吸收
（原子的振动）

在计算上虽然是虚数⋯⋯

此处列举了光的折射率和天体的公转周期在计算上出现虚数的例子。但这只是在计算过程中出现了虚数，除此之外并无其他物理含义。

复折射率可以用下面的公式来表示：
复折射率＝通常的折射率－i× 消光系数

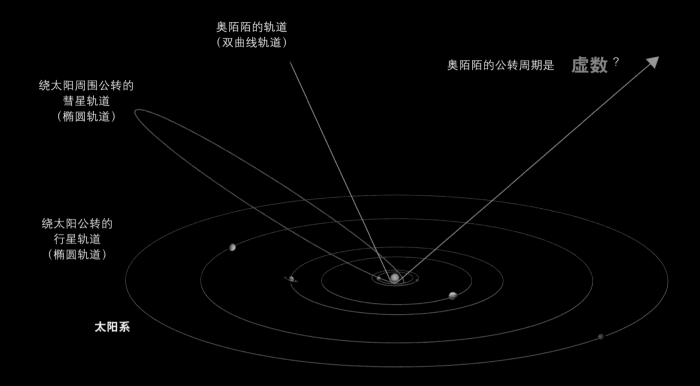

奥陌陌的轨道
（双曲线轨道）

奥陌陌的公转周期是 **虚数**？

绕太阳周围公转的
彗星轨道
（椭圆轨道）

绕太阳公转的
行星轨道
（椭圆轨道）

太阳系

为什么双曲线轨道的公转周期是虚数？

椭圆轨道的公转周期的平方与其长半径（椭圆长轴方向的半径）的立方成正比。双曲线轨道可以看成一种"特殊的椭圆轨道"，它的长半径在形式上是负数。因而它的立方也是负数，所以公转周期的平方也就是负数。导致的结果就是双曲线轨道的公转周期在形式上是一个虚数。像这样引入虚数的思考，能帮助我们更好地理解椭圆轨道和双曲线轨道。

奥陌陌想象图

爱因斯坦的"相对论"和 "勾股定理"之间不可思议的关系

凭 常识来判断，1秒和1米都是固定不变的。但出生在德国的物理学家阿尔伯特·爱因斯坦（1879~1955）提出的"相对论"显示这个常识是不成立的。

宇宙飞船从静止的你面前以秒速18万千米的速度横向飞过（下方示意图）。此时，对于你来说的

1秒，不过等于宇宙飞船中的人的0.8秒。根据相对论理论，处于高速运动的位置和从外面静止的人看起来，1秒和1米是不一致的。

宇宙飞船前进的"四维空间的距离"是？

另一方面，在高速运动的宇宙

飞船中和从外面观察的情况，也存在相同的量。那就是"四维距离"。四维距离就是在长宽高的三维空间上加上一维的时间所构成的四维空间里的距离，有以下的关系可以表达。

"四维空间的距离"的平方等于三

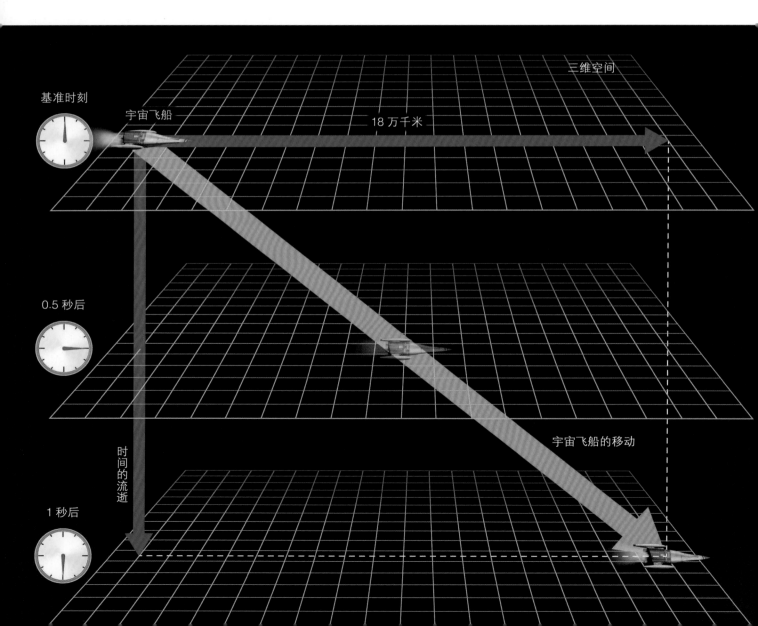

维空间距离的平方减去经过的时间（换算成距离）的平方。

这与"勾股定理"（毕达哥拉斯定理）非常相似，但并不完全相同。因为在四维距离中包含时间，所以不能原样照搬勾股定理。我们将在下一页中详细说明。

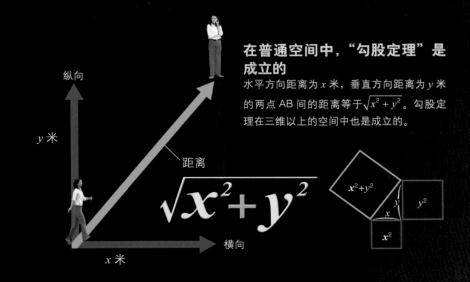

在普通空间中，"勾股定理"是成立的

水平方向距离为 x 米，垂直方向距离为 y 米的两点 AB 间的距离等于 $\sqrt{x^2+y^2}$ 。勾股定理在三维以上的空间中也是成立的。

纵向

y 米

距离

$$\sqrt{x^2+y^2}$$

横向

x 米

x^2+y^2

y^2

x

x^2

"四维距离"是虚数?

左页上画出了从宇宙飞船外静止的点观察，宇宙飞船以秒速 18 万千米的速度在 1 秒间前进的情况。本页表示的是宇宙飞船前进的四维距离（不依赖于观测者的量）。在这个例子中，四维距离为虚数。

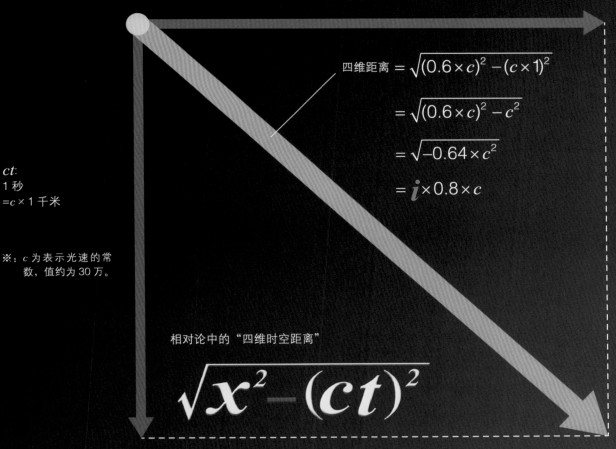

x：18 万千米 =0.6×c 千米

$$\text{四维距离} = \sqrt{(0.6 \times c)^2 - (c \times 1)^2}$$

$$= \sqrt{(0.6 \times c)^2 - c^2}$$

$$= \sqrt{-0.64 \times c^2}$$

$$= i \times 0.8 \times c$$

ct:
1 秒
=c×1 千米

※：c 为表示光速的常数，值约为 30 万。

相对论中的"四维时空距离"

$$\sqrt{x^2 - (ct)^2}$$

爱因斯坦令人震惊的预言
——乘以虚数的时间，与空间无异

在普通空间中，两点的距离使用坐标表示，可以使用"勾股定理"（毕达哥拉斯定理）计算。但如前页所示，由于四维距离中有时间，没办法使用勾股定理。

然如果用虚数的话，情况就不一样了。教授爱因斯坦数学的赫尔曼·闵可夫斯基（1864～1909）提出可以把四维时空距离的计算式中"经过时间的平方的减法"看作"虚数时间的平方的加法。"

这样一来，四维空间中的距离的计算式，就和我们熟悉的勾股定理相同了（下图），即时间乘上虚数单位，时间与空间的维度就没有区别了，可以利用勾股定理来计算四维距离。时间和空间的差异或许就隐藏在虚数中。

但闵可夫斯基所提出的虚数时间不过是"数学的小把戏"。虚数时间"流淌"的世界，加速度的符号变为负数，就变成苹果向上落去的世界（右页图）。我们所经过的时间肯定还是实数，而不是虚数。

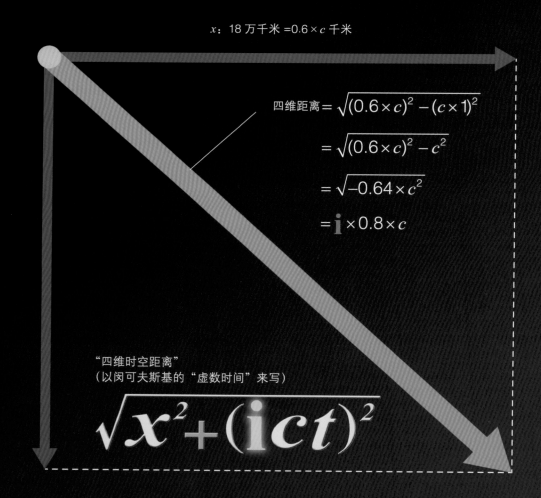

x：18万千米 $=0.6 \times c$ 千米

四维距离 $= \sqrt{(0.6 \times c)^2 - (c \times 1)^2}$

$= \sqrt{(0.6 \times c)^2 - c^2}$

$= \sqrt{-0.64 \times c^2}$

$= i \times 0.8 \times c$

ict:

$i \times 1$ 秒

$= i \times c \times 1$ 千米

"四维时空距离"
（以闵可夫斯基的"虚数时间"来写）

$$\sqrt{x^2 + (ict)^2}$$

阿尔伯特·爱因斯坦

(1879~1955)

在 26 岁时，几乎仅凭他一人之力提出相对论（狭义相对论）理论，被评为 20 世纪最伟大的物理学家，对一直以来被认为是绝对的时间和空间概念发起"挑战"。

时间乘以虚数的话，就可以用勾股定理求出距离

左页上表示了四维距离（不依赖于观察者的量）可以通过时间乘以虚数单位 i 和勾股定理来计算。本页表示的是虚数时间"流淌"的世界。实际上我们并不会看到这样的情况，因为我们所经过的时间是实数时间。

实数时间

苹果向下落

虚数时间

苹果向上落

在虚数时间中，苹果向上落！

在牛顿力学中，定义"速度 =（位置变化）÷（时间变化）"。此外，"加速度 =（速度变化）÷（时间变化）"。加速度是拥有大小和方向的物理量，从牛顿力学的运动方程式"$F = ma$"可知，加速度（a）乘以质量（m）是力（F）。

像这样，如果求加速度的话，距离要除以两次时间。如果时间是虚数的话，距离除以两次时间得到的答案（加速度）就会加上负的符号。加速度如果是负数的话，加速度的方向就与力的方向相反。

也就是虚数时间"流淌"的世界会是苹果向上落的世界。

未知粒子和虚数

能实现"与过去通信"的 超光速粒子——快子，它的质量是虚数！

为了理解相对论和虚数，我们再来介绍一个有意思的话题。那就是被称为"快子"的未知粒子。

第146~149页设定的宇宙飞船的速度是每秒18万千米。这是光在真空中传播速度（光速每秒大约30万千米）的60%。那么，如果能够不停地使宇宙飞船加速，是否可以达到光速，甚至超越光速呢？

根据相对论，这是不可能的。加速质量不是零的物体需要能量。如果要把物体加速到光速则需要无限大的能量，因而不可能实现。因此，可以说光速是宇宙中最快的速度。由于不能达到光速，超越光速也就更不可能了。

但是，相对论并没有否定会存在某种物质"从一开始就超越了光速"。这种假想的超光速粒子就是快子。

作为奇妙的超光速粒子，快子的质量也很奇妙。要满足由相对论导出的速度与质量的关系式，快子的质量（更准确地说是静止质量）不能是实数，必须是虚数。

如果有快子，那就能实现与过去的通信？

如果能够回到过去，你想和10年前的自己说些什么？相信很

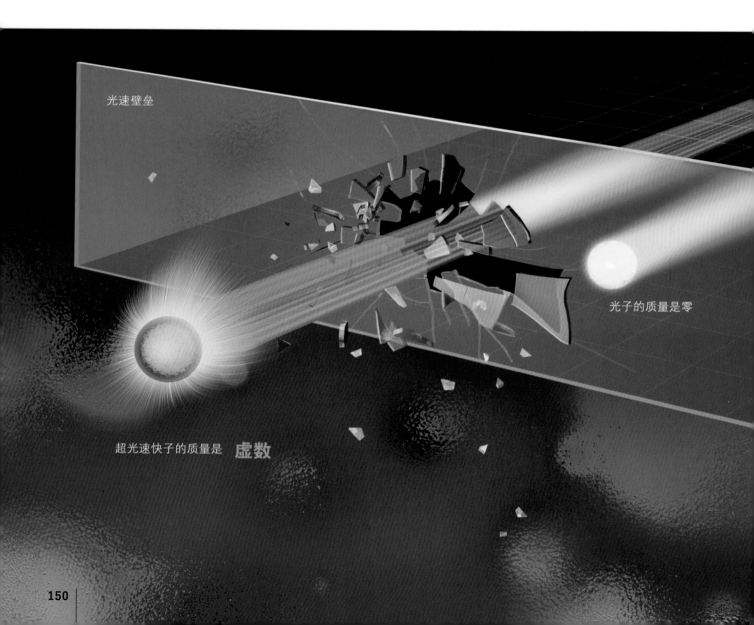

光速壁垒

光子的质量是零

超光速快子的质量是 **虚数**

150

多人都幻想过"与过去通信"，如果有了快子，这种愿望就有可能实现。例如，从地球向以光速的60%飞离地球的宇宙飞船发射快子传播信号，接收到信号的宇宙飞船再向地球发射快子回复。那么就会发生奇妙的事情——地球收到宇宙飞船回复信号的时刻会比最开始地球发射信号的时刻更早。

如果存在有虚数质量的快子，那就有可能像科幻小说里描写的实现与过去的通信。但很遗憾，目前尚未有发现快子的报告。很多物理学家认为，快子不过是理论上存在的粒子，实际中并不存在。

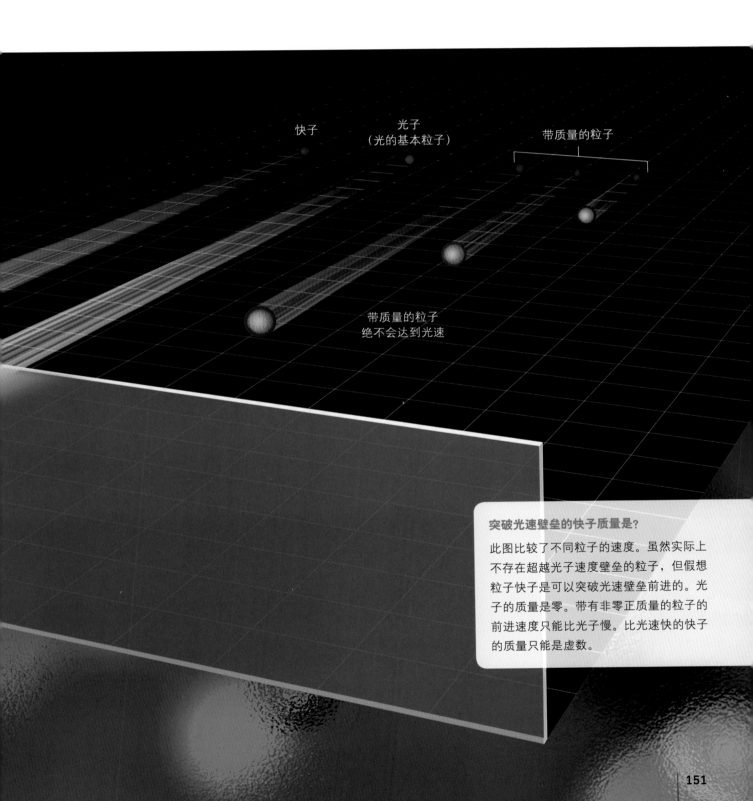

快子

光子
（光的基本粒子）

带质量的粒子

带质量的粒子
绝不会达到光速

突破光速壁垒的快子质量是？

此图比较了不同粒子的速度。虽然实际上不存在超越光子速度壁垒的粒子，但假想粒子快子是可以突破光速壁垒前进的。光子的质量是零。带有非零正质量的粒子的前进速度只能比光子慢。比光速快的快子的质量只能是虚数。

穿越无法逾越高山的"隧穿效应"，
此时的粒子速度是虚数？

我们来想象一个球滚着爬坡上山的情形。如果这个山很高，球可能就会在上坡的途中速度变慢而停下来。在这种情况下，球不可能到达山的另一侧。

但是，在微观世界里会发生不同的现象。电子等微观粒子有可能成功穿越看似不可能越过的"高山"而到达山的另一侧。这就是所谓的"隧穿效应"。

发生隧穿的粒子速度是虚数？

太阳之所以能产生耀眼的光辉也多亏了隧穿效应。在太阳内部，氢原子核发生相互冲突而产生核

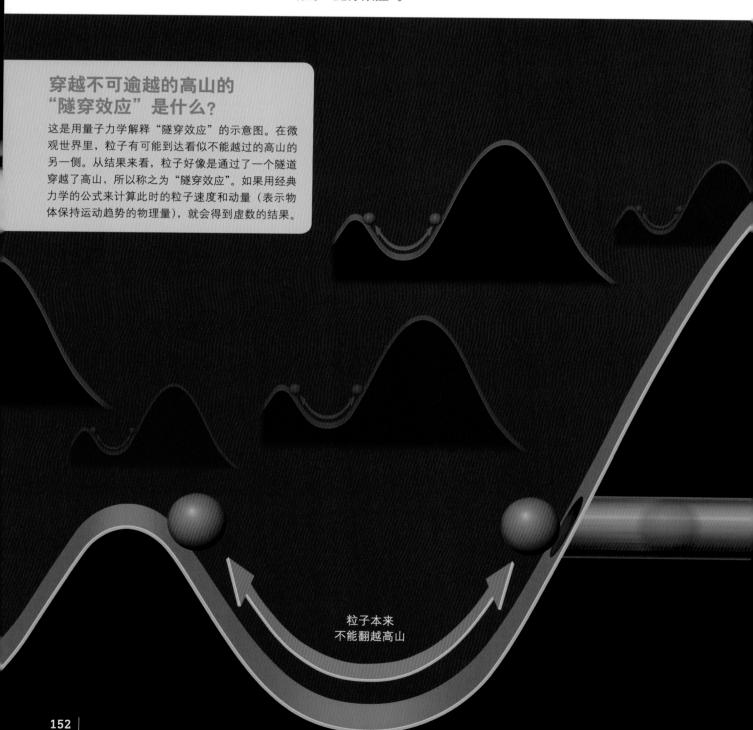

穿越不可逾越的高山的"隧穿效应"是什么？

这是用量子力学解释"隧穿效应"的示意图。在微观世界里，粒子有可能到达看似不能越过的高山的另一侧。从结果来看，粒子好像是通过了一个隧道穿越了高山，所以称之为"隧穿效应"。如果用经典力学的公式来计算此时的粒子速度和动量（表示物体保持运动趋势的物理量），就会得到虚数的结果。

粒子本来
不能翻越高山

聚变。但是，氢原子核本应该因为都带正电而相互排斥，彼此远离才对，怎么会最终聚合到一起呢？其实，是隧穿效应使得氢原子核穿越了"本来不可能越过的能量高山"，即克服了能量屏障，聚合在一起。对于每天都能沐浴到阳光的我们来说，其实亨受的都是隧穿效应的"恩惠"。

在这个不可思议的隧穿效应里也会出现虚数。实际上，微观粒子因隧道效应在穿越壁垒时，粒子的速度（准确地说应该是动量）会变成虚数。但是，这其实只是套用经典力学来解释量子力学现象的结果。

同时，速度等于距离除以时间。因此，即便距离是实数，但如果时间变成了虚数，速度也会变成虚数。英国的宇宙物理学家斯蒂芬·霍金（1942 ~ 2018）认为，宇宙的诞生也是隧穿效应的结果，当时的宇宙（初始宇宙）流动的都是"虚数时间"。

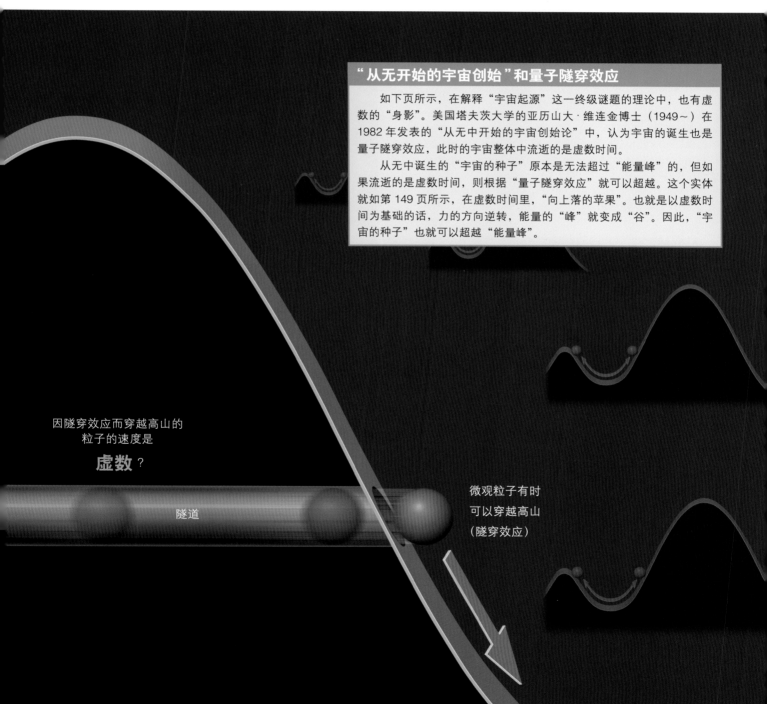

"从无开始的宇宙创始"和量子隧穿效应

如下页所示，在解释"宇宙起源"这一终级谜题的理论中，也有虚数的"身影"。美国塔夫茨大学的亚历山大·维连金博士（1949~）在1982年发表的"从无中开始的宇宙创始论"中，认为宇宙的诞生也是量子隧穿效应，此时的宇宙整体中流逝的是虚数时间。

从无中诞生的"宇宙的种子"原本是无法超过"能量峰"的，但如果流逝的是虚数时间，则根据"量子隧穿效应"就可以超越。这个实体就如第149页所示，在虚数时间里，"向上落的苹果"。也就是以虚数时间为基础的话，力的方向逆转，能量的"峰"就变成"谷"。因此，"宇宙的种子"也就可以超越"能量峰"。

因隧穿效应而穿越高山的粒子的速度是

虚数？

隧道

微观粒子有时可以穿越高山（隧穿效应）

宇宙诞生之时，流淌的是 "虚数时间"？

英国宇宙物理学家史蒂芬·霍金指出，如果仅基于相对论来思考，不得不认为宇宙是从密度无限大的奇点起源的（奇点定理）。这个奇点的存在，对于物理学家来说是"烦恼的种子"。奇点是无法用相对论来操作的点，也就意味着我们没法探究在宇宙开始的瞬间发生了什么。

霍金为了考虑宇宙诞生初期的微型宇宙，把量子力学引入相对论理论中，推进关于宇宙起源的研究。

▌宇宙起源时没有 "边界"？

根据量子力学的理论，粒子拥有波一样的性质，粒子的状态可以用"波动函数（下一篇文章数学式中的 ψ）"来表示。

霍金用波动函数来表示缩小到粒子大小的宇宙整体，从而来研究宇宙初期的情况。但为此就需要确定波的边界，也就是宇宙的边界（在这个情况下，就是宇宙的起源）是怎样的（边界条件）。对此，霍金提出了划时代的想法，那就是把"宇宙没有边界"作为边界条件。这样一来，就可以规避宇宙起源的棘手问题——奇点。

那么，"宇宙没有边界"究竟是怎么回事呢？霍金认为，在宇宙起源时并不是普通的时间（实数时间），而是虚数时间。考虑这个特殊时间的话，时间和空间就没有区别，无法判别哪里是边界了，这就是"无边界理论"。

霍金认为，宇宙从这样时间和空间没有区别的状态开始，在某个时刻普通的时间开始流逝，空间开始急速膨胀，最终变成现在的宇宙。

宇宙的历史

现在的宇宙
（以二维平面来表示）

膨胀的宇宙

宇宙的起源

从奇点起源的宇宙

现在的宇宙
（以二维平面来表示）

奇点（宇宙的起源）

根据相对论推导的模型，宇宙是从奇点起源的。

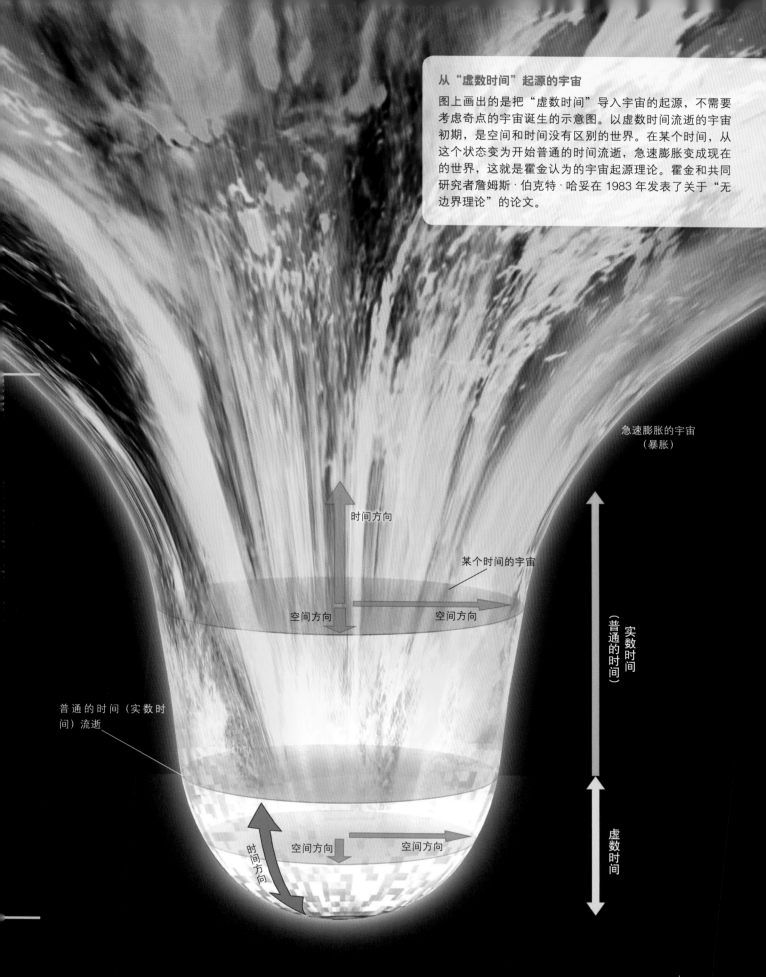

从"虚数时间"起源的宇宙

图上画出的是把"虚数时间"导入宇宙的起源，不需要考虑奇点的宇宙诞生的示意图。以虚数时间流逝的宇宙初期，是空间和时间没有区别的世界。在某个时间，从这个状态变为开始普通的时间流逝，急速膨胀变成现在的世界，这就是霍金认为的宇宙起源理论。霍金和共同研究者詹姆斯·伯克特·哈妥在1983年发表了关于"无边界理论"的论文。

急速膨胀的宇宙
（暴胀）

时间方向

某个时间的宇宙

空间方向　　　　空间方向

（普通的时间）实数时间

普通的时间（实数时间）流逝

时间方向

空间方向　　　空间方向

虚数时间

量子力学的基础方程式里含有虚数 i，虚数的存在支撑着现代物理学

量子力学和虚数③

现在，很多国家都在积极研发"量子计算机"。量子计算机是应用量子力学原理设计的新型计算机。传统计算机的信息基本单位（比特）只能是 0 或 1。但在量子计算机里，信息的基本单位——量子比特可以处在一种既是 0 又是 1 的特殊状态。所以，量子计算机能够以非常高的速度进行计算。

作为量子计算机基础的量子力学与虚数有着非常深的联系。此前介绍过的例子里虽然也出现了虚数，但都只是为了计算上的方便，并不意味着理论本身就一定需要虚数。但是，量子力学有所不同。在对现代物理学起到非常重要作用的量子力学里，虚数是不可或缺的。

如果没有虚数，量子力学就无法成立

量子力学的基础方程式"薛定谔方程"的最左边就有虚数的单位 i。通过求解这个方程可以得到用符号 Ψ（希腊字母普西）来表示的"波函数"。波函数中含有复数，对它的绝对值进行平方，就可以得到粒子处于不同状态时的概率。

虚数单位

埃尔温·薛定谔

（1887～1961）

创立量子力学基础的理论物理学家，因提出了被称作"薛定谔的猫"的量子力学思想实验而被人们熟知。1944 年，薛定谔发表了从理论物理学的角度讨论生命的著作《生命是什么》，此书被认为对之后的分子生物学的诞生起到了很大影响。

虚数支撑起来的最先进技术

为什么在量子力学里虚数不可或缺呢？下图的方程式是奥地利物理学家埃尔温·薛定谔（1887～1961）提出的量子力学的基础方程式"薛定谔方程"。薛定谔方程的最左边就有虚数单位 i。

之前说过，量子计算机的量子比特可以"既是 0 又是 1"。比如，0 的概率是 30%，1 的概率是 70%，那么，是 0 还是 1 就是以概率来表示的。而决定这个概率的就是含有虚数的薛定谔方程。在现代社会里，要想发展智能手机、电脑、量子计算机等最先进的技术，就必须使用虚数。

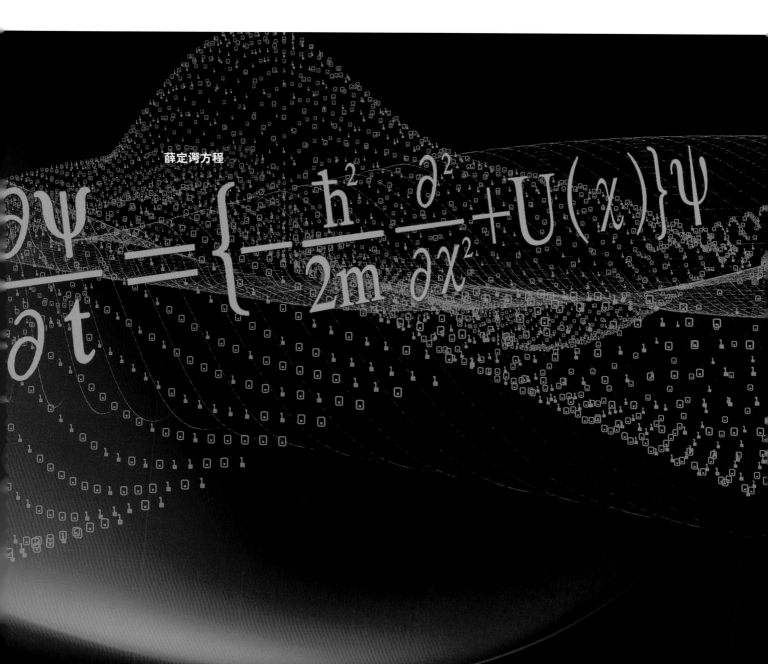

薛定谔方程

$$\frac{\partial \psi}{\partial t} = \{-\frac{\hbar^2}{2m}\frac{\partial^2}{\partial x^2} + U(x)\}\psi$$

Q4 不是实际存在的数，为什么却同自然界有联系?

Q 在前一页写道："在求解薛定谔方程时，必然要进行包含虚数或复数的计算"。又说，"量子力学是现代科学技术的基础"。自然界本来没有的虚数却同真实的世界有联系，这难道不是巧合吗?

A 我们不会看到"i 个苹果"，也不会看到"i 克金块"。虚数无法与"物体的个数"或什么东西的"数量"对应起来。但是，在描述"真实世界"的物理学中却出现了虚数，的确好像不可思议。

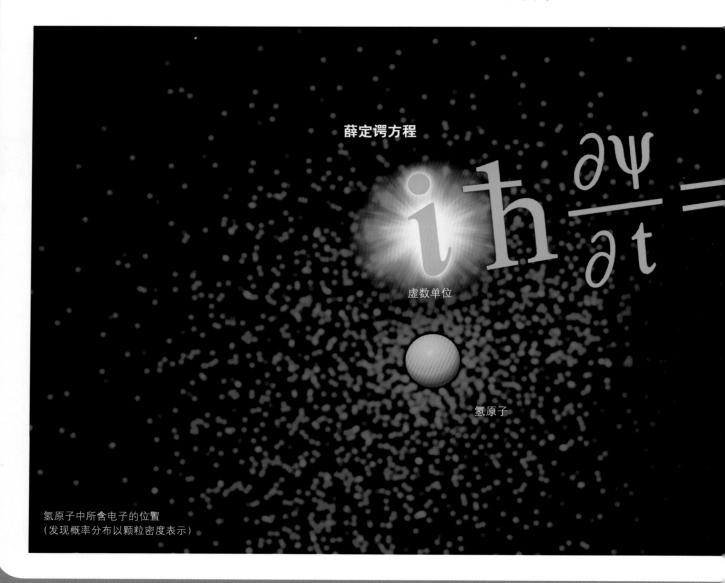

薛定谔方程

虚数单位

氢原子

氢原子中所含电子的位置
（发现概率分布以颗粒密度表示）

"负数"也有类似的情况。我们也不会看到"负3个苹果"或"负3克金块"。不只是虚数，负数也无法与物体的个数或什么东西的数量对应起来。然而物理学却必须要有虚数。只承认整数，数学会"贫弱无力"，物理学便得不到发展。

表示"无"的数"0"也是一样。自然界当然不存在"0个苹果"。但不承认"0"，数学就不能很好地记述自然界。说到底，所谓"数"，全都不是自然界实实在在存在的东西，不过是人类头脑中形成的一种"模型"，一种"概念"。在这种意义上，也可以说"数"只是一种"语言"。而物理学做的事情，就是"使用数学语言来描述存在于自然界中的规律"。

进入20世纪，人类发现了新的自然界规律，需要使用复数这种语言才能够更加自然和非常简洁地描述这种规律。这就是支配微观世界的量子力学。由此我们应该知道，虚数同真实世界的联系并不是偶然的，而是一种必然。

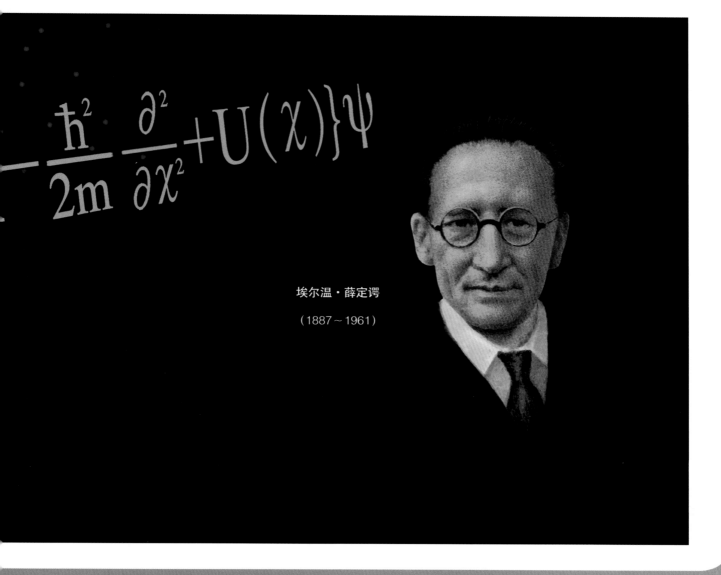

埃尔温·薛定谔

(1887～1961)

量子力学中为什么会出现复数?

在支配微观世界现象的量子力学中，虚数和复数是不可或缺的存在。在量子力学的基础——薛定谔公式中，也包含虚数。量子力学以虚数和复数的存在为前提才得以成立，为什么这个不过是想象中的数——虚数，会出现在量子力学中呢?

执笔 ┆ **和田纯夫**
┆ 日本东京大学原专任讲师

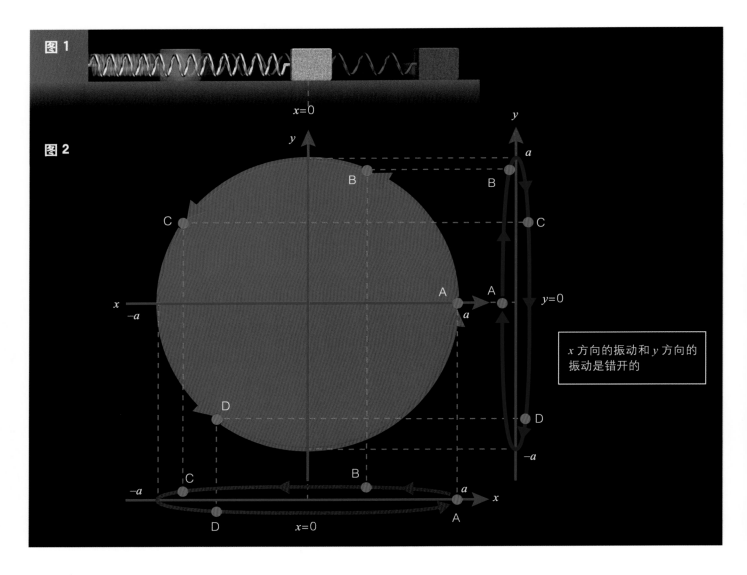

图1

图2

x 方向的振动和 y 方向的振动是错开的

虚数和复数对于物理学是不可或缺的，与20世纪开始出现的量子力学分不开。虽说在稍早前出现的相对论中用到虚数会比较便利（闵可夫斯基的话，参考第148页），因为改变了距离公式的符号而更容易理解，但也不是非得要用虚数不可。

一般而言，当某个量 X 为虚数时，乘以 i 所得到的 iX 为实数，因此若考虑不是 X，而是 iX 的话，则变为仅有实数就可以完成的情况了。但是，如果 X 是实数和虚数相加的复数的话，即使是 iX 也不能转换，就无法仅用实数来搞定了。

无论时间是实数还是虚数，霍金的理论都是相同的（在霍金的理论中复杂的情况下时间为复数），不可避免要出现虚数的情况既不是单纯的实数或虚数，而是复数的情况。

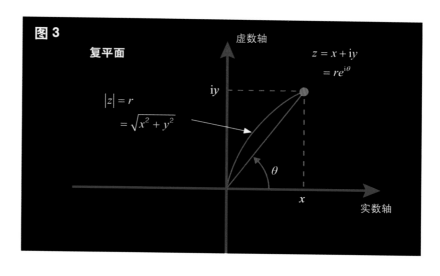

图 3

复平面

虚数轴

$z = x + iy$
$= re^{i\theta}$

iy

$|z| = r$
$= \sqrt{x^2 + y^2}$

θ

x

实数轴

弹簧的振动

在量子力学中，会出现复数的振动、复数的波等量。这究竟表示什么，为什么非得是复数？这些物理问题之后再说，让我们先来看看要怎样用数学式来表示这一数学话题。

首先，来思考弹簧的振动。放置于没有摩擦的水平面上，安装在弹簧顶端的物体，会左右来回运动（图1）。水平方向设为 x 坐标，运动中心设为 $x=0$。

这是最常见的振动，这个运动与圆周运动有着密切关系。在用 xy 坐标来表示的面中，有半径为 a 的圆，设有一个物体在圆周上匀速运动（图2）。物体从A出发，经过B、C、D回到点A。

各个时刻的物体位置都可以用 x 坐标和 y 坐标来表示，首先让我们只取 x 坐标。在点A时 $x=a$，物体运动向B方向运动，坐标减小。在这之后，x 坐标变为负数，直至 $x=-a$，然后又开始增加，直至回到A点，x 坐标也变回 $x=a$。

x 坐标的运动实际上就等同于固定在弹簧上的物体的运动。当然，y 坐标没有关系，y 坐标在出发点A处时，$y=0$，然后一直增加至 $y=a$，然后又减小直至 $y=0$。然后再次变为 $y<0$，再减小之后，再次增加回到A点时变回 $y=0$。

只是要注意 x 方向的振动和 y 方向的振动是错开的。当 x 为最大值 a 时，$y=0$；而当 $x=0$ 时，y 变为最大值 a。

复平面和欧拉公式

以上是在实数情况下的振动，以此为基础来说明在复数情况下的振动。复数是用实数和虚数结合，写成 $z=x+iy$ 的形式的数。此处的 x 和 y 为实数。x 称为 z 的"实部"，iy 称为 z 的"虚部"。

复数可以用在以 x 为横轴，y 为纵轴的复平面上的点来表示（图3）。复平面几乎和 xy 平面相同，当为 xy 平面时，用两个坐标（x，y）所指定的点来表示各点，而在复平面上，用复数 $z=x+iy$ 来表示各点。

z 也可以用绝对值 r 和角度 θ 来表示。绝对值（写作 $|z|$）是到原点的距离，$|z| = r = \sqrt{x^2 + y^2}$。$\theta$ 也叫作 z 的"位相"，通常角度用弧度来表示。从图中可知，$x = r\cos\theta$，$y = r\sin\theta$，则 $z =$

$r\cos\theta + ir\sin\theta = r(\cos\theta + i\sin\theta)$，再利用著名的欧拉公式（请见第 4 章）$e^{i\theta} = \cos\theta + i\sin\theta$（$\theta$ 为弧度时成立的公式），则 $z = re^{i\theta}$。

设想在复平面上，以原点为中心，半径为 a 的圆。无论在圆周上什么位置，$r = a$，绝对值 $|z| = a$ 不会发生变化。位置不同，θ 的值会发生变化。当半径为 1（$r = 1$），则圆周上的点为 $z = e^{i\theta}$（图 4）。绝对值 1 的复数总是可以用角度 θ 表示为 $e^{i\theta}$。

复数的振动

复数振动是在复平面上的匀速圆周运动。因为是圆周上的点，因此半径 r 是一定的，如果是匀速的话，则角度 θ 以固定的比例变化。

以下为了简化，假设半径为 1 的圆，r 总是 1。

这个振动的特征就是 z 的大小（绝对值）不会发生变化。让我们分别考虑实部和虚部在直线上的振动，分别都有为 0 的时候。但如前所示，振动是错开的。当一方为 0 时，另一方的绝对值为最大（如 $\sin\theta = 0$，则 $|\cos\theta| = 1$），z 的绝对值总是等于 1。复数的振动是在绝对值不变的情况下发生位相变化的运动。

表示振动的式子

虽然可能说明起来有点困难，但此处让我们写出振动的具体式子，说明位相以一定比例变化的运动是复数的运动。设单位时间内（以秒作为单位的话，就是每秒）θ 增加 ω。ω 是希腊字母（读作 "omega"，大写为 Ω）。大家可能对希腊字母不太熟悉，但像这样的例子下，希腊字母是经常被用到的符号。

设时间为 t。如果位相 θ 每秒增加 ω，经过时间 t，则增加 ωt（图 6）。因此，圆周上点的运动可以写作 $e^{i\theta} = e^{i\omega t}$

ω 是角度 θ 的变化速度（变化率），每 1 秒变化 ω。若 ω 变得很大，在 1 秒内可以围绕圆周转好多次。当角度以弧度来表示时，1 周为 2π，因此每秒 ω 就是每秒转 $\dfrac{\omega}{2\pi}$ 周。每秒的环绕数就是这个振动的频率，$\dfrac{\omega}{2\pi}$ 等于频率（ω 本身

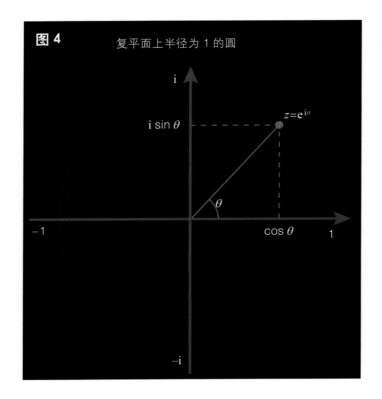

图 4　　复平面上半径为 1 的圆

经常被称为"角频率")。

另外，复数的振动，并不一定在圆周上向左旋转，向右旋转也可以。因为角度 θ 通常习惯为向左为正，目前都写作 $\theta = +\omega t$。如果向右运动，θ 是减少的（从0出发的话，则变为负数），因此变为 $\theta = -\omega t$。此时，点的运动为 $e^{i\theta} = e^{-i\omega t}$

德布罗意假说

以上都是关于数学的话题，接下来我们将进入量子力学中关于波的内容，先从著名的"德布罗意假说"开始。这是量子力学的出发点之一，现在看来并不是一个完整的理论，但用于说明复数的振动已经足够了。

到20世纪，量子力学这一新的学问的开端是发现原子内部运动的电子的能量不能被连续测量，常常只能断断续续（离散）地测量到电子的现象。如同行星围绕在太阳周围一样，电子围绕着原子核旋转，按照原来物理学的思考方法，能量是没有限制的，但事实上经常有能量被测量到。

德布罗意为了说明这个问题，提出了用波来表示电子的状态。那要用什么波呢？这个问题暂且不论（他也没有得出答案），暂且认为可以用数学中的波来表示。

然后他参考爱因斯坦关于光的理论，提出了一个关于电子波的波长的假说——波长与电子速度成反比。根据爱因斯坦的理论，反比例关系的系数也可以确定。

像这样用波来表示的电子，围绕着原子做圆周运动。一旦圆确定了，电子和原子核的距离也就确定了，则能量也能确定，电子的速度也确定了。因此，根据德布罗意假说，电子波的波长也确定了。

因为距离是确定的，因此轨道长度（圆周）也是确定的。即使波长确定的波符合条件，也并不意味着波正好完美贴合这个轨道（图7-a）。

但在特殊粒子中，电子经过1周时，波恰好回到原来的位置，正好连了起来（图7-b）。德布罗意主张这就是现实中电子的状态：1个波长正好闭合的轨道、2个波长闭

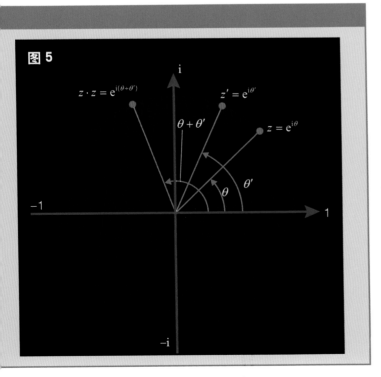

图 5

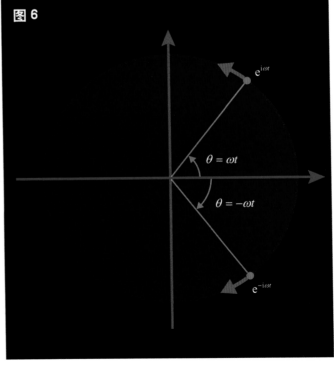

图 6

合的轨道，像这样断断续续的确定可能的轨道。

事实上，紧随德布罗意的提议之后，薛定谔研究量子力学时，认为电子可以用波来表示，和德布罗意相同的原理，确定电子可能的状态。

量子力学中波的含义

那么，波究竟是什么东西呢？为了确定可能检测到的电子的能量在数学计算方面没有错，但电子波并不像水波或声波那样运动。

让我们来简单说明一下，量子力学与一直以来的粒子完全不同，因为在量子力学中，各个时刻的粒子处在哪个位置，是不可确定的。即使只有1个粒子，在这里的状态、

那里的状态，各种各样的状态是共存的（也叫作"叠加态"）。

虽然如此，但也并不是所有的状态同等并存。无论是大的状态还是小的状态都有"共存的程度（共存度）"。然后把各个位置的共存度排列起来，就形成了波的形状。波并不仅用正数来表示，一般而言是复数。

此外，要想检出这个波所表示的粒子，不能确定是在哪个位置检出，但在各个位置检出的概率（检出概率）是确定的，与这个位置的波的绝对值的平方成正比。由于是绝对值，所以检出概率一定是正数。

那么，明明检出概率是实数，为什么波必须是复数呢？这也可以说是解量子力学基本方程式所造成

的，更简单的说明似乎也没有。

量子力学中的波是复数的振动

为了使话题简单化，让我们来考虑图8中表示的限制于一维空间AB中的电子的波。A和B处有隔墙，电子只存在于AB之间，但在其中哪个位置是不确定的。AB之间各种位置的状态是共存的，共存度以波的形式表示。但没有半途而废的波，如德布罗意所主张的那样，必须是正好进入AB间的波，在其中最简单的便是仅有一个峰的波进入了AB之间，如图8所绘的图。

但无论怎样的波都无法一直保持这样的形状，必须要有振动。但是，应该怎样振动呢？

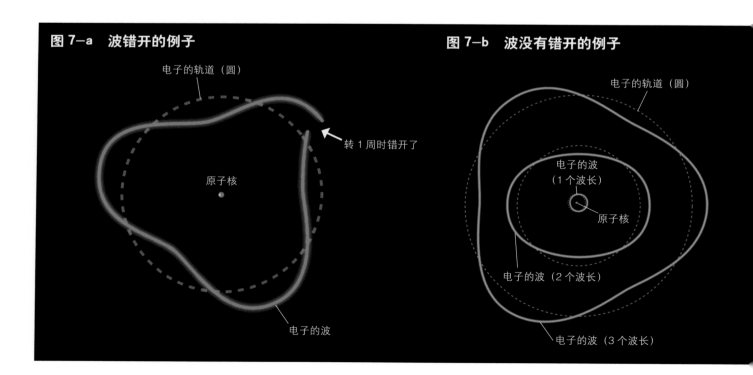

图 7-a　波错开的例子

电子的轨道（圆）

转1周时错开了

原子核

电子的波

图 7-b　波没有错开的例子

电子的轨道（圆）

电子的波（1 个波长）

原子核

电子的波（2 个波长）

电子的波（3 个波长）

如果是张紧的弦振动的话，弦就会上下振动，这是可以用实数表示的振动。但是，如果电子的波的振动是实数，则会产生问题。实数的振动会有波变为 0 的瞬间（如果是弦的振动，就是弦变平的瞬间）。如果电子的波是表示电子的波被检出的概率，这个瞬间的检出概率在 AB 间将变为 0。但如果这个波表示的是 1 个电子的状态，那是不可能在任何地方都检测不到的。

但是，电子的波表示的是"共存度"这种抽象的量，不需要实数。如果这个振动如最初说明的那样是复数振动，就不会变为 0，它的绝对值是一定的。也就是说这表示即使这个波在振动，无论什么时刻检出的概率分布都是一定的。

由此，我们就知道了为什么

在量子力学的基本公式薛定谔方程式中要有虚数单位 i。以数学的话题来论，知道指数函数的微分公式就可以理解了。比如，考虑 $y = \mathrm{e}^{at}$（a 是某个常数），微分是 $\dfrac{dy}{dt} = a\mathrm{e}^{at}$，$a$ 这个系数在前面。复数的振动情况则由于表示振动的部分为 $y = \mathrm{e}^{-i\omega t}$（习惯上使用如图 6 中向右转的情况的式子），所以 $\dfrac{dy}{dt} = -i\omega \mathrm{e}^{-i\omega t}$（上式中的 a 为此处的 $-i\omega$）。这个形式是出自薛定谔公式的左边（图 9 中的 $\dfrac{\partial \varphi}{\partial t}$），右边为实数。为了让它们相等，就必须让左边乘上 i 使其变为实数，即 $i\dfrac{dy}{dt} = i \times (-i\omega \mathrm{e}^{-i\omega t}) = \omega \mathrm{e}^{-i\omega t}$，系数为实数。这可以说是薛定谔方程中必须有 i 出现的理由。

再进一步说，用复数来表示振动的话，波本身（图 7 和图 8 中所画的波）是否可以不是实数，而是复数。其实，在一般情况下，波都是复数。解薛定谔方程所得的电子的波，一般而言都是复数的波。

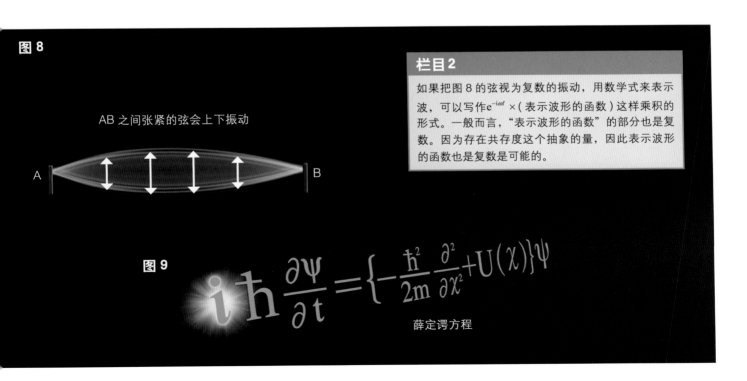

图 8

AB 之间张紧的弦会上下振动

A   B

栏目 2

如果把图 8 的弦视为复数的振动，用数学式来表示波，可以写作 $\mathrm{e}^{-i\omega t} \times$（表示波形的函数）这样乘积的形式。一般而言，"表示波形的函数"的部分也是复数。因为存在共存度这个抽象的量，因此表示波形的函数也是复数是可能的。

图 9

$$i\hbar\frac{\partial \psi}{\partial t} = \left\{-\frac{\hbar^2}{2m}\frac{\partial^2}{\partial x^2} + U(x)\right\}\psi$$

薛定谔方程

虚数也活跃在 "小林·益川理论" 中

2008 年 10 月 7 日，日本高能加速器研究机构特别荣誉教授小林诚博士、京都大学名誉教授益川敏英博士和理论物理学家南部阳一郎博士一同获得诺贝尔物理学奖。"小林·益川理论" 中用数学来解释关于宇宙初期所发生的反粒子消失的谜题，也用到了虚数。让我们来解说 "小林·益川理论" 的概要及其与虚数的关系。

执笔 | 和田纯夫
日本东京大学原专任讲师

直到 19 世纪的物理学都是实数的世界，物体的位置和速度、力都可以用实数表示，水和声音的波也都可以用实数来表示（参考第 118～119 页、134～135 页）。但是，在 20 世纪 "登场" 的量子力学，如第 160～165 页介绍，是复数的世界。粒子的状态也可以用 "波函数（ψ）" 来表示，一般也是函数虚数的复数。

反粒子为什么消失了？

结合量子力学和相对论理论，

可以知道这个世界上存在着与粒子（如电子、质子等）相对应的 "反粒子"。比如，相对于质子，有 "反质子"；相对于电子，有 "反电子（又称阳电子）"。这也是因为量子力学是复数的世界。用简单的话来说，若表示粒子的是 "ψ"，则反粒子为其共轭复数（栏目 1）"ψ^*"。正是因为 ψ 是复数，才有反粒子出现。

电子和质子组合而成的 "原子"，原子再聚集而成的就是 "物质"。与此相对，反粒子组成的 "反原子"，再聚集成 "反物质"。反粒子、反原子可以在实验室中创造出来。

但在我们日常世界中是不存在反粒子和反原子的（虽然我们身边也围绕着 "中微子" 的反粒子 "反中微子"，但无论是中微子，还是

反中微子，我们都无法感觉到它们的存在）。我们的世界中几乎所有东西都是由粒子构成的。

但仔细思考一下，这是非常不可思议的。从理论上来说，粒子和反粒子是同等的。相对于粒子而言称为反粒子，但从反粒子一方来看，粒子是相对于反粒子的反粒子。在宇宙诞生之时，大量的粒子和反粒子生成，粒子和反粒子一定是成对的。在现在的实验室中，粒子产生时，也一定会有与其成对的反粒子生成。那究竟是为什么在我们现在的世界中看不到反物质呢？

粒子和反粒子成对生成，两者碰撞，也会一起湮灭（作为结果会产生电磁波）。在超高温的初期宇宙中，大量的粒子和反粒子产生，随着宇宙温度下降，它们就消失了，少量粒子残留下来变成现在的

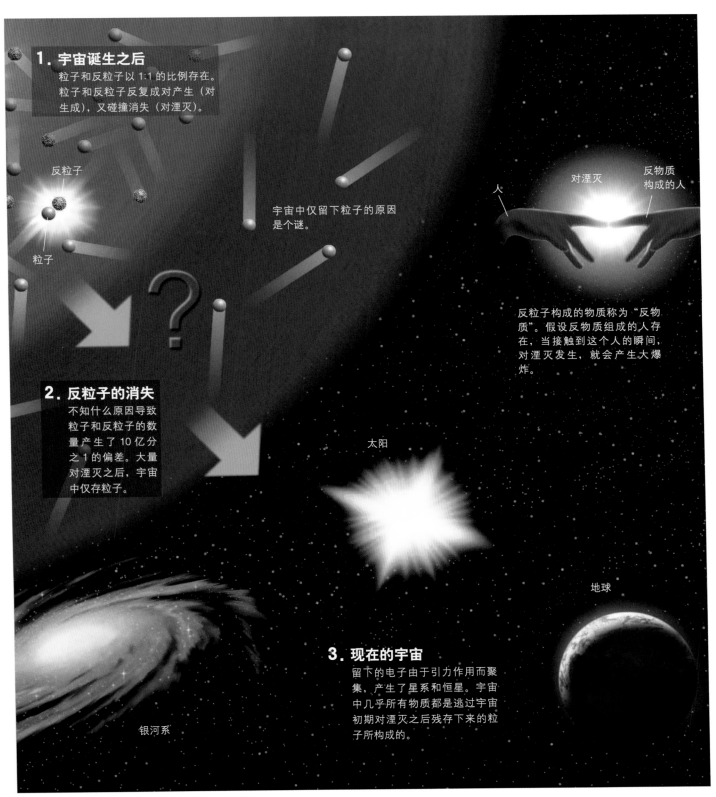

1. 宇宙诞生之后

粒子和反粒子以 1:1 的比例存在。粒子和反粒子反复成对产生（对生成），又碰撞消失（对湮灭）。

反粒子

粒子

宇宙中仅留下粒子的原因是个谜。

2. 反粒子的消失

不知什么原因导致粒子和反粒子的数量产生了 10 亿分之 1 的偏差。大量对湮灭之后，宇宙中仅存粒子。

对湮灭

反物质构成的人

人

反粒子构成的物质称为"反物质"。假设反物质组成的人存在，当接触到这个人的瞬间，对湮灭发生，就会产生大爆炸。

太阳

地球

银河系

3. 现在的宇宙

留下的电子由于引力作用而聚集，产生了星系和恒星。宇宙中几乎所有物质都是逃过宇宙初期对湮灭之后残存下来的粒子所构成的。

⊙ **宇宙诞生之后消失的反粒子之谜**

宇宙诞生之后，粒子和反粒子几乎以相同数量存在（**1**）。但是，不知什么原因使反粒子消失了（**2**），现在的宇宙是由粒子构成的物质组成的（**3**）。反粒子消失的原因是物理学最大的谜题之一，而现在解开谜题的关键便是"小林·益川理论"。

C 变换

把电荷（Charge）变为相反的变换，称为"C 变换"。C 变换是粒子和反粒子的变换。
下方示意图就是把粒子变换为反粒子的 C 变换。

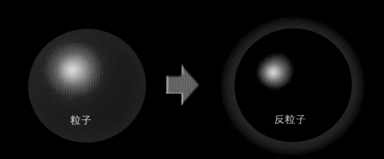

粒子的 C 变换

粒子有右旋、左旋的性质（与自旋是不同的性质）。C 变换为不改变这个右旋、左旋的方向，而使电荷变为相反。

C 对称性的破缺

在自然界中有左旋中微子和右旋反中微子。如果 C 对称性没有破缺的话，应该存在左旋反中微子和右旋中微子。

然而，我们并没有发现这样的中微子的存在。因此，发生了"C 对称性的破缺"。

P 变换

把空间进行反演（Parity）的变换称为"P 变换"。P 变换就如同照镜子一般的镜向变换，但同现实中的镜子一般，不是所有都会反转。以下示意图说明粒子的 P 变换。粒子的具体案例，以原子核为例来进行说明

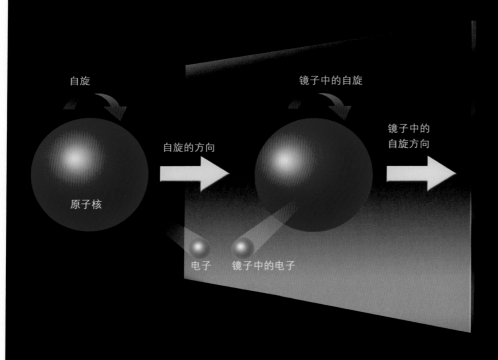

原子核的 P 变换

P 变换如同映射到镜子中的变换。原子核中飞出的电子方向经过 P 变换反转。

但是，P 变换如同现实中的镜子一般并不会把一切都反转。原子核的自旋经过 P 变换并不会反转。因此，镜子中的自旋方向也不会反转。

P 对称性的破缺

左边的示意图显示的是"P 对称性未破缺"的状态。如果 P 对称性破缺，就如同示意图所示，原子核中飞出的电子方向会因为 P 变换而反转。然后，飞出的电子数量不会因为 P 变换而改变。

如果"弱力"（弱相关作用）发挥作用，飞出的电子数会因为 P 变换而改变，会发生"P 对称性的破缺"。P 对称性破缺是在 1957 年，由李政道、杨振宁、吴健雄发现的。

宇宙物质。

只留下粒子需要"CP
对称性的破缺"

那么，为什么粒子能残留下来呢？事实上，其中的原理至今还不清楚，只留下粒子需要几个必要的条件，如与粒子运动相关的法则和反粒子运动相关的法则必须不是完全对称的（略微有些差别），专用语称为"CP对称性的破缺"。

"C变换"是指是粒子的电荷（Charge）变为相反的，也就是在理论中把粒子和反粒子的位置互相替换。然后，像镜子一样进行空间

反演（Parity）称为"P变换"，同时进行C变换和P变换时，理论不发生变化的情况称为"CP对称"（只进行C变换时，理论不变的情况称为"C对称"）。

理论（某种意义上）的对称，也是指理论的形式是美的。其实，电磁法则也好，引力法则也好，以及结合质子和中子形成原子核的力（强相互作用）的法则也好，都是C对称和P对称的（即CP对称）。显然，自然界是偏好对称的。

也存在C变换或P变换单独不对称，但两者结合CP对称的力（称为"弱相互作用"）。而即使是C对称性破缺的法则符合CP对称性

的破缺，也无法带来宇宙初期只留下粒子的效果。但CP对称性的破缺绝对是必要的。

其实，在1964年，经过非常精密的测定，研究者发现了CP对称性破缺的现象。但为什么会发生这个现象，原因尚不清楚，被认为是一种弱相互作用，而弱相互作用本身的理论还未了解清楚。

此后，关于弱相互作用研究有了较大进展，确立了"弱电相互作用"理论，在这个框架内，研究CP对称性破缺问题的是当时32岁的益川敏英博士和28岁的小林诚博士。

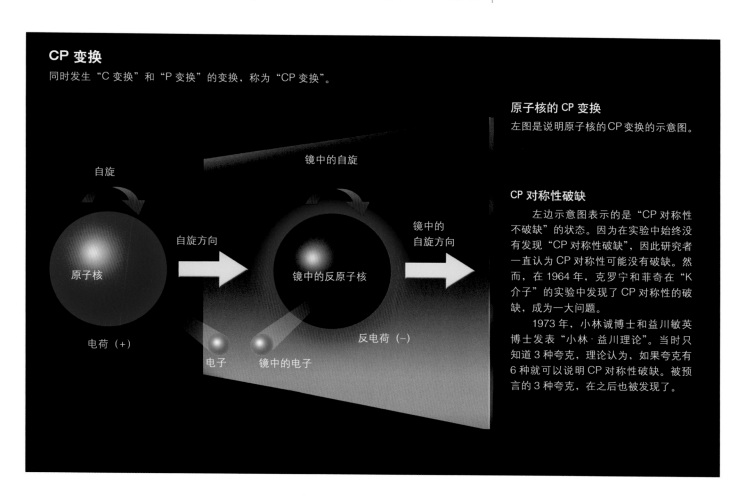

CP 变换
同时发生"C变换"和"P变换"的变换，称为"CP变换"。

原子核的 CP 变换
左图是说明原子核的CP变换的示意图。

CP 对称性破缺
左边示意图表示的是"CP对称性不破缺"的状态。因为在实验中始终没有发现"CP对称性破缺"，因此研究者一直认为CP对称性可能没有破缺。然而，在1964年，克罗宁和菲奇在"K介子"的实验中发现了CP对称性的破缺，成为一大问题。
1973年，小林诚博士和益川敏英博士发表"小林·益川理论"。当时只知道3种夸克，理论认为，如果夸克有6种就可以说明CP对称性破缺。被预言的3种夸克，在之后也被发现了。

如果有6种夸克，CP 对称性就破缺了

把现在构成物质的粒子进行分割的话，可以发现原子。原子由原子核和电子组成，原子核又由质子和中子构成。再进一步发现，质子和中子是由被称为"夸克"的基本粒子组成。"弱电相互作用"是描述夸克行为法则的一种理论。

在"小林·益川理论"发表的1972年，当时研究者认为存在3种夸克。但是，这不能在弱电相互作用理论中阐明CP对称性的破缺。若使CP对称性破缺，必须在理论中引入虚数。粗略来说，薛定谔方程中的 H（哈密顿算符）中必须有虚数，但只有3中夸克，是不能成立的。小林和益川把夸克种类增加到6种，发现可以顺利达成条件

栏目2

从关于粒子状态 ψ 的薛定谔方程式

$$ih\frac{\partial \psi}{\partial t} = H\psi$$

$$H = -\frac{h^2}{2m}\frac{h^2}{\partial x^2} + U(x)$$

可以推导出反粒子状态 ψ^* 的薛定谔公式，ψ 式子中的 H 变为 H^*。为了使粒子和反粒子的法则相同，那么 $H = H^*$，也就是 H 需要是实数（栏目1，实际上，H 并不是单纯的数，此处假设为实数以推进话题）。

由此，如果 H 不是实数而有虚数部分，那么粒子和反粒子的法则就不同，也就是CP对称性破缺了，但事实并没那么简单。薛定谔方程式是 $H\psi$ 这样乘积的形式，所以即使 ψ 是复数也没关系。把 H 的虚数部分移到 ψ 中去，H 就可能实质性地变为实数。这样一来的话，理论上就达到CP对称了。在小林·益川理论中所显示的夸克至少需要6种，可以使 H 的形式变得复杂，从而不可能使虚数部分完全移到 ψ 中。也就是，为了满足CP对称性的破缺，夸克最少需要有6种。

栏目3

如果对称，那么理论是"美"的。而关于对称性破缺的小林·益川理论不"美"吗？并非如此。包含小林·益川理论的"弱电相互作用理论"使用了"自发对称破缺"的原理。据此，理论出处的形式是对称的，是"美丽"的。但这个理论和与现实世界的对应是对称破缺的，这被称为自发破缺，发现这个原理的是2008年的另一位诺贝尔物理学奖得主南部阳一郎博士。

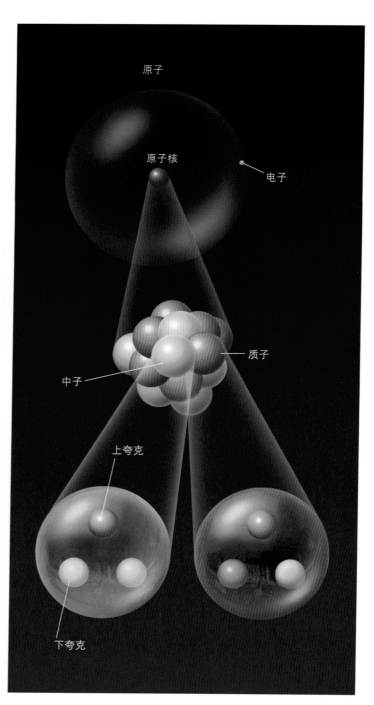

原子

原子核

电子

质子

中子

上夸克

下夸克

（栏目 2）。

之后，3 种新的夸克被陆续发现，存在 6 种夸克的理论被证实。但仅凭这点，还无法确认小林·益川理论的正确。需要确认 CP 对称性破缺是否真如他们的理论中所说的那样。

竞相开展这个实验的是位于日本茨城县筑波市的高能加速器研究机构和美国的斯坦福直线加速器中心。这个实验产生大量包含五夸克的粒子，研究它们的行为是否如预言一般使 CP 对称性破缺。这项实验复杂且需要大规模的设备，到

2002 年，才宣告确认了小林·益川理论中所预言的现象。这一结果使他们获得 2008 年的诺贝尔物理学奖。

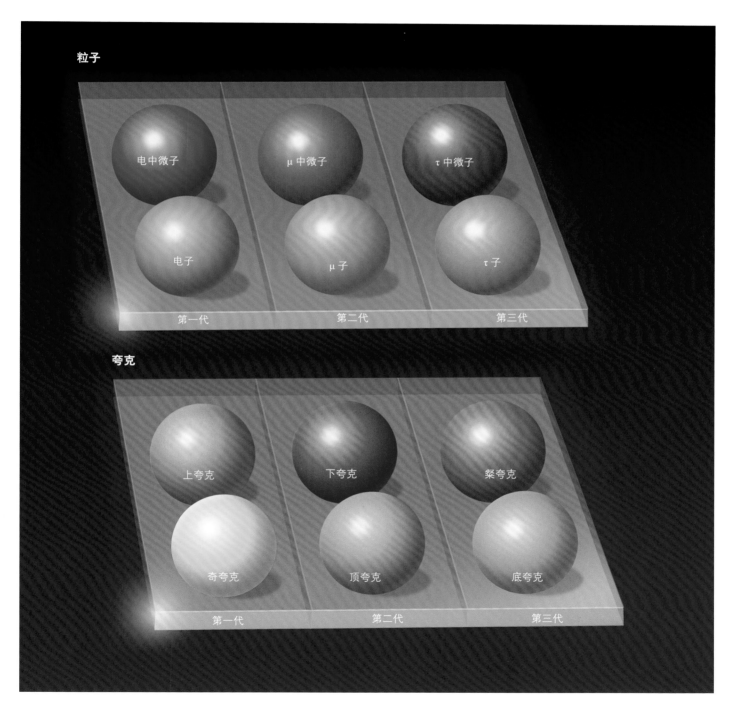

《地球与生命》

地球的变迁，生命跃进，46 亿年全景图

- 回顾 **46 亿年**地球史
- 地球·**生命**史溯源
- 最初的**生命**与**进化**的奥秘

《大宇宙》

空间与时间，我们认识的宇宙，集于一册

宇宙究竟有多大？

穿越银河系
驶向 138 亿光年的彼岸

宇宙的创生、演化和未来

宇宙的诞生
天体的诞生
宇宙的未来
宇宙中的"神秘物质"

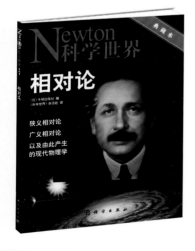

《相对论》

狭义相对论、广义相对论，以及由此产生的现代物理学

- **相对论诞生前夕**
- **爱因斯坦**追求的是什么？
- **狭义**相对论到**广义**相对论
- 爱因斯坦与**现代物理学**

《图解中学物理》

深入了解物理世界的"规则"，掌握物理学习的"秘钥"！

- 物理的基本**力**和**运动**
- **热、原子、光**的真实"面貌"
- **光**和**声波**是什么？
- **电**和**磁**有着相似的本质

《图解人体手册》

详细了解巧妙的人体结构和机制！

- 生命健康所需要的**强健体格**是什么样的？
- 造成主要器官不同**疾病**的原因和症状有哪些？
- **胎儿**时期，**身体**是什么样的？
- **人类进化**过程中的有趣问题……

《图解中学对数与向量》

通过实例学习数学及科学研究所用的重要工具！

指数的威力

可以缩短数的书写，使计算变得容易
指数函数可表现剧烈的变化

对数的世界

对数与指数互为表里
通过对数曲线得知"隐藏的变化"

向量与"场"

"内积"与"外积"的含义及计算方法
科学中必须用到的向量

掌握巨大数字的方法

实际感受大数的窍门
用来估算大约数量的费米问题

原版图书编辑人员

主　编　木村直之

编　辑　疋田朗子

撰　稿　山田久美（54~55页，72~80页）

图片版权说明

插图版权说明

协助·执笔

礒田正美

礒田正美，教育学博士，日本筑波大学教育开发国际合作研究中心主任、教授。1959年出生于日本埼玉县，毕业于筑波大学大学院修士课程教育研究科，曾任埼玉县立狭山高等学校教师、筑波大学附属驹场中高中教师、北海道教育大学副教授。研究专业是数学教育学，主要著作有《曲线的事典：性质·历史·作图法》等。

木村俊一

木村俊一，博士，日本广岛大学大学院理学研究科教授。1963年出生于日本大阪府，毕业于东京大学理学部数学专业。研究专业为代数几何，著有《天才数学家这样解答、这样活着》《连分数的不可思议》等。

小谷善行

小谷善行，工学博士，日本东京农工大学名誉教授。1949年出生于日本兵库县，毕业于东京大学工学部计数工学专业。研究方向是人工智能，自然语言处理，学习，游戏等。

担任猜谜恳谈会会长，计算机象棋协会副会长等职。腾讯咨询技术顾问

和田纯夫

和田纯夫，理学博士，日本成蹊大学专职讲师，东京大学大学院综合文化研究科原专职讲师。1949年出生于日本千叶县，毕业于东京大学理学部物理学科。研究专业为理论物理，主要方向是基本粒子、宇宙论、量子论（多世界解释）、科学论等。著有《量子力学讲述的世界像》等。